问路
中国环保垂直管理

WENLU ZHONGGUO HUANBAO CHUIZHI GUANLI

鞠昌华◎著

河海大学出版社
HOHAI UNIVERSITY PRESS

图书在版编目(CIP)数据

问路中国环保垂直管理 / 鞠昌华著. -- 南京：河海大学出版社，2018.10
ISBN 978-7-5630-5680-4

Ⅰ.①问… Ⅱ.①鞠… Ⅲ.①环境保护－环境管理－研究－中国 Ⅳ.①X321.2

中国版本图书馆 CIP 数据核字(2018)第 198593 号

书　　名 问路中国环保垂直管理
书　　号 ISBN 978-7-5630-5680-4
责任编辑 江　娜
封面设计 徐娟娟
出版发行 河海大学出版社
地　　址 南京市西康路 1 号(邮编:210098)
电　　话 (025)83737852(总编室)　(025)83787156(营销部)
(025)83722833(营销部)
经　　销 江苏省新华发行集团有限公司
排　　版 南京布克文化发展有限公司
印　　刷 虎彩印艺股份有限公司
开　　本 787 毫米×960 毫米　1/16
印　　张 12.5
字　　数 208 千字
版　　次 2018 年 10 月第 1 版
印　　次 2018 年 10 月第 1 次印刷
定　　价 48.00 元

前　言

在经过数十年经济高速发展之后，生态环境问题已成为我国全面建成小康社会的制约因素。学界对此形成了“阶段论”“地理国情论”“行政制度论”“体制论”等多种观点。面对严重的生态环境问题以及环境保护制度方面的不足，党的十八届五中全会明确指出，以块为主的地方环保管理体制存在难以落实对地方政府及其相关部门的监督责任，难以解决地方保护主义对环境监测监察执法的干预，难以适应统筹解决跨区域跨流域环境问题的新要求，难以规范和加强地方环保机构队伍建设等四个突出问题。基于这样的认识，中央提出实行省以下环保机构垂直管理的改革要求。

由于多年来“顶得住的站不住，站得住的顶不住”的尴尬，基层环保管理人员多有实施垂直管理的呼吁。千百年来的“御史情结”更使得普通民众对上级政府充满期待，大部分群众寄希望于环保部门的垂直管理能够将权力从基层政府上收。与此同时，过去曾经有效激发了地方政府活力和潜能的权力下放也在一定程度上使得中央宏观调控力度有所削弱，地方保护主义更是给包括环保在内的公共事务管理带来了一系列消极的影响。近年来中央政府不断强化宏观调控，多个部门逐步推行垂直化管理，其中也包括环保部门。在这样的形势下，省以下环保机构监测监察执法垂直管理改革已是水到渠成的事情了。

然而，蓝图只有通过精心设计实施方有可能变为现实，政策也从不因其完美的目标而自然会变得美好。省以下环保机构监测监察执法垂直管理制度改革作为一个“底盘性”的制度改革，涉及监测、监察、执法、行政许可等制度的重构，要动体制、动机构、动人员，充满挑战。因此，需要在制度设计中通盘考虑各项因素，避免因为设计的不足而带来后期环境治理的困境。

笔者多年来关注环保机构的垂直管理问题，并在环境保护部南京环境科学研究所中央级公益性科研院所基本科研业务专项经费支持下开展了相关研究。通过几年的思考积累，形成了本书的主要研究成果。第一章首先梳理了我国环境管理的纵横向状况及其问题；第二章分析了我国环保垂直管理的必要性与可行性；第三章尝试通过对国内外垂直管理的经验与教训的分析为环保垂直管理提供借鉴；第四章开展了对环保垂直管理及其事权划分的理论基础的探讨；第五、六、七章分别设计了环境管理、环境监测和环境监察垂直管理下事权的划分；第八章进行了配套政策的探索；第九章则在分析改革存在的挑战性因素的基础上，对我国环保垂直管理工作愿景做了展望。希望以自己的研究为环保垂直管理工作的完善做出微薄的理论贡献。

需要说明的是，2016 年 9 月，中办、国办已印发《关于省以下环保机构监测监察执法垂直管理制度改革试点工作的指导意见》。截至 2018 年 1 月底，河北、重庆已基本完成体制调整，江苏、山东正在推动改革的实施，湖北、青海、上海、福建、江西已完成方案的制定和备案，陕西、天津、广东等省份的垂改实施方案也正在省级审批过程中。本书并不试图详细介绍这些公开的指导意见和方案，以及对这些指导意见和方案做分析评价，只是原原本本保留笔者的研究思路和方案，希望以此保留一个政策研究工作相对的独立性。

在成书过程中曾得到江苏省环保厅贺震处长、湖南省环境监测中心站罗岳平站长等师友的帮助，作者在此向他们表示深深的感谢，也感谢河海大学出版社江娜编辑的辛勤付出！

由于学识所限，书中疏漏和错误之处在所难免，敬请读者批评指正。

2018 年 2 月 5 日

写于南京蒋王庙

目　　录

第一章
我国的环境管理及其问题

1.1 我国环境管理的发展概况

1.1.1 环保行政管理的发展概况

1. 环境管理的发展历程

新中国建立以后,国内污染事件的屡屡爆发和国外兴起的环境保护浪潮共同推动了我国环境保护工作的开展。1972 年,我国发生大连湾污染和北京官厅水库污染事件,引起中央高度重视。同年 6 月 5 日,联合国人类环境会议在斯德哥尔摩召开,根据周恩来总理指示,中国派代表团参加了会议。翌年 8 月,我国召开了第一次全国环境保护会议,通过了环境保护"三十二字"方针,从而开始了中国特色环境保护管理发展之路。

(1) 环境保护制度逐步完善

1977 年 4 月,国家计划委员会(以下简称"计委")、国家建设委员会(以下简称"建委")、财政部、国务院环境保护领导小组联合发布《关于治理工业"三废"开展综合利用的几项规定》,开始了以三废治理和综合利用为主的污染防治工作以及重点污染源调查工作。1978 年 12 月 31 日,中央在批转国务院环境保护领导小组《环境保护工作汇报要点》时，第一次以党中央的名义对环境保护提出要求。1983 年底至 1984 年初召开的第二次全国环境保护会议上，我国第一次明确将环境保护作为基本国策。1989 年召开的第三次全国环境保护会议，确立了环境保护三大政策（预防为主、防治结合；谁污染，谁治理；强化环境管理）和八大制度（环境影响评价、“三同时”、征收排污费、限期治理、排污许可证、污染物集中控制、环境保护目标责任制、城市环境综合整治定量考核制度）。1992 年，中央 9 号文件发布“环境与发展十大对策”，将环境保护纳入经济发展中统筹考虑。1993 年 10 月，第二次全国工业污染防治会议提出清洁生产、全过程控制的工业污染防治对策。1996 年 7 月，第四次全国环境保护会议启动了污染物总量控制，提出污染治理与生态保护并重的环境保护工作格局。经过 40 多年的探索，除八项制度外，增加了限期淘汰、危险废物监管处置、生产者责任延伸等制度，形成了较为完善的环境保护制度体系。

（2）环境保护法律法规不断完善

1978 年 2 月，第五届全国人民代表大会第一次会议通过《中华人民共和国宪法》，规定“国家保护环境和自然资源，防止污染和其他公害”，第一次对环境保护做出规定，为环境保护法制化建设奠定了基础。1979 年，我国颁布了第一部《中华人民共和国环境保护法（试行）》。1989 年 12 月 26 日，第七届全国人民代表大会常务委员会第十一次会议通过《中华人民共和国环境保护法》。迄今，全国人民代表大会及其常务委员会制定了环境保护法律 9 部、自然资源保护法律 15 部，国务院有关部门、地方人民代表大会和地方人民政府制定和颁布了规章和地方法规 660 余件，基本形成了环境保护法律的框架体系。

（3）环境保护机构和能力显著增强

1971 年，国家计委首次成立了环境保护办公室。根据 1973 年国务院 158 号文件规定，各地区各部门陆续建立环保机构。1974 年 10 月，国务院批准成立国务院环境保护领导小组，领导小组下设办公室，由国家建委代管，负责日常工作。由此开始，中国建立了专门的环保机构。1982 年，建设部更名为城乡建设环境保护部，下设环境保护局。1984 年底，城乡建设环境保护部所属环境保护局升格为国家环境保护局（以下简称“国家环保局”）。1988 年，国家环保局从城乡建设环境保护部中分出，成为国务院直属机构。1998 年，国家环保局升格为国家环保总局。2008 年国家环保总局再次升格为环境保护部，进入国务院组成部门序列，从而加大了环境管理部门的职能和权限，使其可以更多地直接参与国家的综合决策，更有效、更直接、更科学地着手解决环境问题，明确了环境综合管理中管理机构的地位，消除了职能障碍，提高了环境综合管理效率。

目前，我国已形成中央统一管理与地方分级管理、部门分工管理相结合的环境综合管理体制。具体表现为国务院环境管理行政主管部门即环保部对全国环境保护工作实施统一监督管理；国土资源部、农业部、林业部、水利部等部门配合环保部对本部门涉及的资源环境保护事项实施监督管理；地方各级人民政府对本辖区环境质量负责。与此同时，环境管理由单纯政府管理发展到政府、企业、居民共同参与，实现了由单一管理体制到多元管理体制的转变。

2. 环境管理队伍建设

为促进全国环境管理能力的提升，近年来各级环保机构加强了管理能力建设。各地在加强环境监测监察机构标准化建设的同时，强化了环保行政管理机构自身建设，不断加大环境信息、环境应急、环境宣教、环境科研等机构的建设力度。目前，已形成以国家环境保护部、省环境保护厅、市县环境保护局为主的四级环境保护管理机构，一些县级环境管理机构还在所辖乡镇联片设立了分支机构(环保所)。截至 2013 年底，全国共有各级环保行政管理机构 3 176 个。其中，国家级环保行政管理机构 1 个，省级环保行政管理机构 31 个，市级环保行政管理机构 333 个，县级环保行政管理机构 2 811 个。全国各级环保行政管理机构共有 52 845 名工作人员，其中国家级 357 人，省级 2 801 人，市级 9 993 人，县级 39 694 人。

1.1.2 环境监测的发展概况

1. 环境监测的发展历程

1974—1975 年，自我国第一批环境监测机构在北京、广东、吉林、云南、海南、武汉、沈阳等地诞生起，我国环保部门专门环境监测体系开始逐步建立。

1978 年 12 月 31 日，中共中央转批《环境保护工作汇报要点》，要点中提出：“环境监测在环境保护工作中占有重要地位，它是环境保护中的耳目，是防治环境污染的依据……因此，必须下决心逐步把各级环境保护部门的监测机构充实和建立起来，组成一个现代化的全国环境监测网络。”1979 年，我国颁布第一部《中华人民共和国环境保护法(试行)》，其中第二十六条第四款规定“统一组织环境监测，调查和掌握全国环境状况和发展趋势，提出改善措施”，第一次以法律形式提出了环境监测的基本任务。

此后，环境监测工作获得快速发展，监测手段从当初靠“眼睛看、鼻子闻、耳朵听”，发展到拥有较为完善的生态环境监测网络。业务领域从最初的“三废”监测，发展到空气、地表水、近岸海域、噪声、生态、酸雨、土壤、生物、沙尘暴、污染源等各个领域；从简单的二氧化硫、化学需氧量等常规监测，发展到有机污染物、环境激素、温室气体等复杂项目的综合性监测。监测范围从以城市为中心的环境污染监测，发展到流域、区域生态环境监测乃至全球性重大环境问题监测。监测技术水平从手工采样监测，发展到自动在线连续监测和空间遥感监测。此外，我国基本建立起一整套环境监测技术和标准方法体系，初步具备弄清全国环境质量的能力。

2. 环境监测的现状

根据《中国环境年鉴》2014 年度数据，截至 2013 年底，我国环保部门各级环境监测机构总监测用房面积达 2 867 723 平方米，现有监测仪器设备达 368 306 台套，监测仪器设备原值总值达 1 462 525 万元。但是，总体而言，各地环境监测条件迥异，监测用房面积最大的前三个省，四川省、江苏省及广东省分别达 197 705 平方米、182 138 平方米和 178 255 平方米；最小的三个省（直辖市、自治区），海南省、青海省及西藏自治区分别为 14 947 平方米、18 434 平方米和 18 788 平方米；最大的三个省监测用房面积之和是最小的三个省（自治区）监测用房面积之和的 10.7 倍，最大的省更是最小的省（自治区）的 13.2 倍。监测仪器设备数最多的前三个省，广东省、四川省及江苏省分别达 19 974 台套、19 622 台套和 17 515 台套；最少的三个省（直辖市、自治区），西藏自治区、青海省及宁夏回族自治区分别为 627 台套、1 871 台套和 2 015 台套；最多的三个省的监测仪器设备数之和是最少的三个省（自治区）监测仪器设备数之和的 12.7 倍，最多的省更是最少的省（自治区）的 31.9 倍。监测仪器设备原值总值最大的前三个省，广东省、江苏省及浙江省分别达 137 403 万元、115 170 万元和 98 567 万元；最小的三个省（自治区），西藏自治区、宁夏回族自治区及青海省分别为 4 447 万元、12 672 万元和 14 371 万元；最大的三个省监测仪器设备原值总值之和是最小的三个省（自治区）监测仪器设备原值总值之和的 11.2 倍，最大的省更是最小的省（自治区）的 30.9 倍。

环境质量监测方面，以大气监测为例，截至 2013 年底，全国共有环境空气监测点位 3 001 个，其中国控监测点位 1 436 个，酸雨监测点位 1 176 个，沙尘天气影响环境质量监测点位 82 个。环境空气监测点位数超过全国县及城市数（一个城市所有市辖区作一个计算），也超过县区数，表明现有规模总体上可覆盖所有县及城市。具体到各地区，环境空气监测点位数超过县区数的省（直辖市、自治区）有 14 个，达不到县区数的省（直辖市、自治区）有 17 个，即有 17 个省（直辖市、自治区）无法满足每个县区 1 个环境空气监测点位的要求。考虑到一些城市市辖区集中监测的因素，进一步比较环境空气监测点位数和县及城市数，环境空气监测点位数超过县及城市数的省（直辖市、自治区）有 25 个，达不到县及城市数的省（直辖市、自治区）仍有 9 个，包括河北、山西、内蒙古、江西、广西、云南、西藏、陕西、青海。其中，西藏、河北、内蒙古三省（自治区）的环境空气监测点位数仅占县及城市数的 20.3%、64.7%和 65.4%。

我国重点监控企业自动监控已经取得较大进步。截至 2013 年底，开展污染源监督性监测的重点企业数为 61 454 个，已实施自动监控的国家重点监控企业数为 9 779 个，其中水排放口和气排放口数分别为 7 812 和 7 145 个，COD、NH_3—N、SO_2、NO_x 监控设备与环保部门稳定联网数分别为 5 382、3 822、5 489 和 5 445 个。但是，由于面对的企业过多，以上数据与监督监测需求仍有相当大的差距。

1.1.3　环境监察的发展概况

环境监察工作是随着中国环境保护事业的发展而逐步开展起来的。在环保工作实践中，中国环境监察队伍从无到有，逐步壮大，环境监察工作的内涵也从最初的征收排污费扩大到环境保护日常现场监督执法的各个领域，在环境管理中发挥着积极的作用。

1. 环境监察的发展历程

1986 年，原国家环境保护局在顺德、威海、马鞍山及秦皇岛市进行全国第一批环境监理试点工作，这是我国环境监察工作的肇始。1991 年，在总结试点经验的基础上，根据《国务院关于进一步加强环境保护工作的决定》中关于“加强基层环境监督执法队伍建设，增强执法力量”的精神，国家环境保护局颁布了《环境监理工作暂行办法》，对环境监察的目的、任务、机构设置与职责以及环境监察执法人员的条件、权利和义务等均做出了规定。1992 年,国家环境保护局又颁布了《环境监理执法标志管理办法》,统一了全国环境监察执法标志。《环境监理工作暂行办法》和《环境监理执行标志管理办法》的颁布,标志着中国环境监察工作进入了规范发展时期。

为进一步深化和规范环境监察工作,国家环境保护局又先后批准在山东等 22 个省(自治区、直辖市)的 57 个城市进行全国第二批环境监理试点工作。1993 年,国家环境保护局又在全国选择了 100 个县作为全国县级环境监理试点。江苏、吉林、山东等省则在全省推行环境监理试点工作。环境监理试点工作在全国多层次全方位地展开,标志着中国环境监察工作进入了全面发展时期。

1995 年,国家环境保护局印发了《环境监理人员行为规范》,"九五"期间国家环境保护(总)局又先后下发了《环境监理工作程序(试行)》《环境监理工作制度(试行)》《环境监理政务公开制度》《环境保护行政处罚办法》《关于进一步加强环境监理工作若干意见》等规章制度,要求各省(自治区、直辖市)、市(州、地区、盟)、县(市、旗)环境保护局均设置环境监察机构,县级环境监察机构还可以向所辖乡镇联片设立分支机构,并在全国积极推进环境监察标准化建设,规范环境监察机构设置和执法行为,加强对环境监察队伍的管理。2002 年,国家环境保护总局下发了《关于统一规范环境监察机构名称的通知》,决定将全国各级环境保护局(厅)所属的"环境监理"类机构统一更名为"环境监察"机构。一系列规范、办法的出台标志着我国环境监察工作进入全新的发展阶段,规范了环境现场执法工作,更加充分地体现出行政执法职能,树立起环境保护的执法权威。

2012 年,环境保护部审议发布了《环境监察办法》,环境监察首次有了专门的部门法规,为加强和规范环境监察工作,加强环境监察队伍建设,提升环境监察效能提供了法规支持。

2014 年,环境保护部审议发布了《环境监察稽查办法》,进一步规范环境监察工作,提出了对环境监察工作的稽查管理办法。要求上级环境保护行政主管部门对下级环境保护行政主管部门依照《环境监察办法》开展环境监察工作情况进行监督、检查;提出环境监察稽查分为日常稽查、专项稽查、专案稽查。环境保护部环境监察局负责对全国稽查工作的指导和监督,环境保护部各环境保护督查中心、设区的市级以上环境保护行政主管部门的环境监察机构具体承担本行政区的稽查工作。要求具体承担稽查工作的环境监察机构应设置稽查岗位并配备专职或兼职人员。《环境监察稽查办法》的实施标志着环境监察工作进入规范化自我监督管理的阶段。

2013 年 11 月，环境保护部与公安部联合发布《关于加强环境保护与公安部门执法衔接配合工作的意见》，建立并落实三项机制和四项制度，加强环境行政执法与刑事司法衔接，实现环保与公安联勤联动执法，提高环境行政执法权威和对环境违法犯罪的打击能力。环境保护部首次联合公安部、最高检对两起案件启动联合挂牌督办，形成打击环境污染犯罪活动的合力。

经过多年发展，目前我国环境监察内容已逐步从工业污染监察发展到全方位环境监察，环境监察手段由常规监察发展到自动化、信息化监察，环境监察形式由单一的环境保护行政执法发展到多样化的联合执法，环境监察体系由政府部门和环境监察机构对污染者的一元执法发展到执法机关严格执法、公众舆论参与监督、污染者自觉守法的多元执法监督体系。

以上改变主要体现在两方面。一是环境执法监督体系不断完善。各地环境监察机构积极参与社会“110”联合行动，并实行 24 小时值班。2013 年，全国共处理行政处罚案件 139 059 件，电话/网络投诉 1 112 172 件，办结 1 098 555 件。来信 103 776 件，来访 46 462 批次，来访 107 165 人，来信来访办结 151 635 件。二是由单纯“督企”向综合“督政”转变。2015 年环保部组织对 33 个城市开展综合督查，约谈 15 个市级政府主要负责同志，推动解决了一批突出环境问题。各省（区、市）和新疆生产建设兵团对 134 个市和 2 个县开展了综合督查，对 28 个市县进行约谈，对 19 个市县实施区域环评限批，对 176 个问题进行挂牌督办。

2. 环境监察队伍建设

为促进全国环境监察能力的提升，加强监察执法工作，原国家环保总局于 2006 年发布实施《全国环境监察标准化建设标准》和《环境监察标准化建设达标验收暂行办法》。为适应新形势下环境执法能力建设的需要，进一步加强和规范环境监察标准化建设，加快建设完备的环境执法监督体系，环保部对环境监察标准化建设标准及有关验收管理规定进行了修改，于 2011 年以环发〔2011〕97 号文件下发《全国环境监察标准化建设标准》和《环境监察标准化建设达标验收管理办法》。环境监察标准化建设有力地促进了各级环境监察机构能力的提升。

目前，环境保护部设有环境监察局，各省级、地（市）和县级环境保护部门分别设有环境监察总队、支队、大队，一些县级环境监察机构还在所辖乡镇联片设立了分支机构(环境监察中队)。同时,环保部还在全国设立了区域环境督查中心,少数省环保厅也在省域内设立了区域环境督查中心。截至 2013 年底,全国共有国家级环境监察执法机构 12 个,省级环境监察执法机构 39 个,市级环境监察执法机构 357 个,县级环境监察执法机构 2 515 个;国家级环境监察执法机构工作人员 519 人,省级环境监察执法机构工作人员 1 305 人,市级环境监察执法机构工作人员 9 861 人,县级环境监察执法机构工作人员 51 011 人。环境监察人员依法行政素质和执法监督能力得到提高,环境监察队伍已发展成为一支不可或缺的环境执法力量。

1.2 我国环境管理的横向体系

1.2.1 立法、司法、行政、社会、企业五位一体的环境管理横向关系

我国环境管理体制主要由立法监督机关、行政管理机关、司法机关和社会组织四大部分构成,也有人把企业内部环境管理一并纳入其中,构成五位一体的环境管理体制。其中立法监督机关、行政管理机关、司法机关具有法律授予的对社会进行环境管理的权力和职责,是"国家权力系统"。在国家权力系统中,立法监督机关的职能主要通过人民代表大会,特别是其中的"环境与资源保护委员会"来体现;行政管理机关主要通过各级政府,特别是其中的环境保护部门来体现;司法系统则通过各级法院和检察院来体现。社会组织在环境权益保护下,在权力系统之外获得相应权利。由于历史原因,我国的环境保护政策具有浓厚的政府行为色彩,司法机关和社会团体、公民个人在环境保护方面发挥作用的空间比较有限。环境法律对公众的环境权利或环境权益的界定也明显不足,限制了司法机关依法介入环境保护的途径,也使公众参与环境保护的积极性受到影响。

1.2.2 环保行政管理的横向体系

1. 政府部门间环境管理的横向关系

环境是一个涉及多要素的复杂系统,在我国,实行的是相关行政主管部门专

项监督管理，环境保护部门统一监督管理的环境保护综合管理体系。《环境保护法》第十条规定："县级以上地方人民政府环境保护主管部门，对本行政区域环境保护工作实施统一监督管理。县级以上人民政府有关部门和军队环境保护部门，依照有关法律的规定对资源保护和污染防治等环境保护工作实施监督管理。"据统计，发改、工信、国土资源、住房城乡建设、林业、气象、海洋、能源、水利、农业、交通运输、卫生、公安、监察、财政、审计、海关、工商、金融、商务、质检、安监等20多个部门具有环境保护监督管理责任。长期以来，环境保护部门的环境监督管理职责集中在对环境污染防治的监管，而资源保护与生态监管仍旧由其他行政主管部门实施监督管理。因此，在相应的生态环境管理方面，也形成了以环保部门为主，同时各要素分别由国土、建设、水利、农业、林业、气象、海洋等各有关部门配合协作的横向体系。

2. 环保部门内部环境管理横向关系

生态环境保护部下属的机关司局，除直属机关党委及中央纪委驻环保部纪检组外，包括办公厅、规划财务司、政策法规司、行政体制与人事司、科技标准司、污染物排放总量控制司、环境影响评价司、环境监测司、污染防治司、自然生态保护司、核安全管理司、环境监察局、国际合作司和宣传教育司。根据实施国家三大环境污染治理战役和改善环境质量的需要，以及《中央编办关于环境保护部机构编制有关问题的批复》(中央编办复字〔2015〕23号)精神，撤销污染物排放总量控制司、污染防治司，设水环境管理司、大气环境管理司和土壤环境管理司。各地方环保行政管理部门基本按照上述机构对应设置自己的下属处室部门，或根据实际条件进行合并。这样的机构设置基本体现了我国环保部门内部的环境管理横向关系。

1.2.3　生态环境监测的横向体系

我国在生态环境监测方面也形成了以环保部门环境监测机构为主，各要素分别由国土、建设、水利、农业、林业、气象、海洋等各有关部门配合协作的横向体系。

生态监测方面，根据各部门的职责，环保部门、农业部门负责农业、草业、渔业生态的监测；林业部门负责森林生态、湿地生态的监测；国土部门负责国土资源矿山、荒漠等生态的监测；水利部门负责重要河湖生态及水土保持等的监测；

海洋部门则负责海洋生态的监测。

在大气环境监测方面，环保部门一直对全国主要城市和地区的背景大气质量进行长期、系统的监测；气象部门近些年也逐步加强了对空气污染物、酸雨、沙尘暴等监测；此外，交通部门也开展了部分大气监测工作。

在土壤环境监测方面，环保部门、农业部门均开展了污灌区、农产品产地土壤监测；在环境保护部会同国土资源部开展全国土壤污染监测的同时，国土资源部也在开展全国农业地质调查，而农业部则在开展基本农田土壤污染监测。此外，三部门还在不同程度上开展了土壤环境质量监测，监测对象均为农田或农产品产地土壤。

在地表水环境监测方面，环保部门一直对全国的江河湖库等地表水水质进行长期、系统的监测；近些年来，水利部门也在强化流域水质监测能力，开展地表水水质监测工作并发布水质监测信息。水利部门一直从事水文监测，由于详细的水文监测数据不能共享，环保部门为了掌握省界等断面污染物通量情况，也逐步开展了流量监测。

在水的环境监测方面，除以上之外还有对饮用水、渔业水域、港区水域、海洋水域以及排放污水等的监测。其中，针对饮用水的水质监测部分，环保部门开展了城镇及部分农村集中饮用水水源地水环境监测；住建部门对水厂供水相关水质量开展了监测；卫生部门依据《传染病防治法》《生活饮用水卫生监督管理办法》的规定，开展了全国饮用水卫生监督监测工作；水利部门也在农村饮用水集中水源建设项目建设的同时对项目水质开展了监测。渔业水域部分，在陆地表面的水域，农业部门、环保部门和水利部门分别依据《渔业法》《环保法》和《水利法》开展了相关水环境的监测；在海洋养殖水域则分别由农业部门、环保部门和海洋部门开展了相关水环境的监测。港区水域部分，除环保部门实施相关监测外，交通部门也在自身职权范围内开展了相关水环境的监测。海洋水域部分，除环保部门实施相关监测外，海洋部门也在自身职权范围内开展了相关水环境的监测。在排放污水的监测方面，除环保部门实施相关监测外，住建部门和海洋部门也在自身职权范围内开展了相关监测。

在地下水环境监测方面，环保部门、国土资源部门和水利部门分别在各自的职能范围内开展了地下水环境的监测，各部门生态环境监测的法律法规依据见表1-1。

表 1-1　各部门生态环境监测的法律法规依据

部　门	依据法律	监测内容
环保部门	《环境保护法》(2014 年)	大气、地表水、地下水、饮用水源地、土壤、排放的各类污染物、生态、噪声
水利部门	《水法》(2002 年)、《水土保持法》(2010 年)、《水文条例》(2007 年)	地表水、地下水、饮用水源地、农村饮用水、水土流失、渔业水域、入河排污口
国土部门	《地质环境监测管理办法》(2014 年)	地下水、地质灾害、矿山地质环境、生态地质环境、土地利用
海洋部门	《海洋环境保护法》(1999 年)	海水水质、海水浴场、养殖海域、海洋生态、入海排污口、海水入侵与盐渍化
林业部门	《森林法》(1998 年)、《草原法》(2013 年)	森林资源、草地资源、野生动植物
农业部门	《农业法》(2012 年)	土壤、渔业水域、农业源污染物
住建部门	《城镇排水与污水处理条例》(2013 年)	生活饮用水、城镇污水处理厂排放污水
交通部门	《防治船舶污染海洋环境管理条例》(2009 年)	港区水域
卫计委	《生活饮用水卫生监督管理办法》(1996 年)	生活饮用水
气象部门	《气象法》(1999 年)	大气、酸雨

因此,在我国,目前已经形成了一个覆盖各环境要素和各地域、水域的横向综合环境监测网络。

同时,在环保部门内部亦有一定的横向体系。如福建省除设有省环境监测中心站外,环保厅直属单位中还设有福建省国家大气环境背景值武夷山监测站和福建省近岸海域环境监测站。前者主要开展闽江水源生态环境、武夷山生态环境以及国家大气环境背景值和温室气体监测与研究工作;后者则负责福建省内近岸海域、环境功能区、入海河流环境质量和入海污染源等监测以及信息汇总、分析工作,开展相关科学研究和技术报告的编制等。在青海省,除设有青海省环境监测中心站外,由于其生态环境特点,还专门成立了青海省生态环境遥感监测中心,该中心主要承担青海省国家重点生态功能区县域生态环境质量考核评价的技术监测等基础性工作,以及重大生态保护与建设工程成效评估和区域、流域生态环境质量的遥感监测工作,开展全省环境质量预测预警工作及对变化趋势的综合评估,还有生态监测科学研究和国际、国内生态环境监测交流合作工作等。

1.2.4 环境监察的横向体系

1. 政府部门间环境监察的横向关系

环境是一个涉及多要素的复杂系统。在我国，环境保护实行的是环境保护部门统一监督管理，相关行政主管部门专项监督管理相结合的执法体制（表 1-2）。在生态环境监察方面也形成了以环保部门环境监察机构为主，同时各要素分别由国土、建设、水利、农业、林业、气象、海洋等各有关部门配合协作的生态环境监察的横向体系。《环境保护法》第二十四条规定："县级以上人民政府环境保护主管部门及其委托的环境监察机构和其他负有环境保护监督管理职责的部门，有权对排放污染物的企业事业单位和其他生产经营者进行现场检查。"另外，部分地区将饮食服务业油烟污染、各类城市施工（包括道路交通施工、建筑施工、园林绿化施工、市政建设施工等）扬尘污染等交给综合执法部门负责监察。

表 1-2 各部门环境监察体系

编号	部门	职能
1	环保部门	综合环境监察
2	水利部门	水利及水土保持监察
3	国土部门	土地监察及矿产相关生态监察
4	住建部门	污水处理厂、环卫监察
5	卫生部门	饮用水监察
6	农业部门	农业源污染监察
7	林业部门	森林监察、野生动植物监察
8	交通部门	港区排污监察、船舶排污监察
9	海洋部门	海洋环境监察
10	综合执法部门	饮食服务业油烟污染、社会生活及建筑施工噪声污染、各类城市施工（包括道路交通施工、建筑施工、园林绿化施工、市政建设施工等）扬尘污染等行为的监察

2. 环保部门内部环境监察的横向关系

（1）环境监察与环保行政主管部门内部机构之间的关系。环境监察与环保行政主管部门内部的总量、污防、生态、法规、规划财务等机构之间存在一定的工作关系。环境监察机构根据总量控制、污防防治和生态保护的需要开展相关监察检查活动，参与总量核查等工作，根据污防要求负责排污收费；环境监察机构在现场监察执法后将监察信息交予法规部门，由法规部门实施行政处罚；环境监察机构自身的规划与财务管理都需要规财部门总体确定。

（2）环境监察与大监察部门之间的关系。以江苏省为例（这里主要介绍江苏省环保垂直管理改革以前的结构），根据江苏省环保厅机关“三定”实施方案等文件的规定，厅环监局指导并协调省环境监察总队，省环境应急与事故调查中心，苏南、苏中、苏北环保督查中心，厅信访办以及省生态环境监控中心工作。2005年，江苏省环保厅环监局对外使用厅信访办公室的名义处理有关环保信访工作；2006年，成立江苏省环境应急与事故调查中心，承担组织全省环境污染事故预警预测和应急响应处置工作的有关职责；2009年，全面组建了江苏省环保厅苏南、苏中、苏北三大区域环保督查中心，承担所辖区域内的环境保护督查工作；2011年，成立江苏省生态环境监控中心，承担污染源自动监控数据的汇总、分析等与环境监察相关的工作。至此，江苏省以1局（处）1总队6中心1办为标志的大环境监察体系基本建成。9个单位（部门）统一协调协作，相互配合支持，形成江苏环境监管的合力。

3. 环境监察部门内的部门横向关系

环境监察机构一般可以按照如下方式来进行内部机构的设置：按水、气、声、渣等环境要素设立内部职能科室；按排污收费、信访纠纷、限期治理、现场查处等职责设立内部职能科室；按辖区、分块管理的原则设立职能科室。各部门之间根据监察工作总体要求构建横向协作关系。

1.3　我国当前环境管理的纵向体系

1.3.1　环保行政管理的纵向体系

《环境保护法》是我国环境管理机构建设与管理的依据。《环境保护法》第十条规定："国务院环境保护主管部门，对全国环境保护工作实施统一监督管理；县级以上地方人民政府环境保护主管部门，对本行政区域环境保护工作实施统一监督管理。县级以上人民政府有关部门和军队环境保护部门，依照有关法律的规定对资源保护和污染防治等环境保护工作实施监督管理。"当前，我国环境管理部门已经形成了国家环境保护部—省级环境保护厅—地市级环境保护局—县级环境保护局四级纵向环境管理体系。一些县级环境管理机构向所辖乡、镇派设环境保护分局或环保所。

1.3.2 生态环境监测的纵向体系

根据各自的生态环境监测职能，我国一些部门分别形成了分层属地管理、分层属地＋省以下垂直管理、中央垂直管理等不同的纵向监测网络体系，见表1-3。其中环保部门主要采用分层属地管理，个别情形采用垂直管理；水利部门采用分层属地＋省以下垂直管理为主的体制；气象部门则采用中央垂直管理的体制。

表1-3 我国主要部门生态环境监测纵向网络

<table>
<tr><th>部 门</th><th>行政管理体制</th><th>监测管理体制</th><th>生态环境监测网络</th></tr>
<tr><td rowspan="5">环保部门</td><td rowspan="5">分层属地管理</td><td rowspan="4">分层属地管理</td><td>中国环境监测总站</td></tr>
<tr><td>省级环境监测中心(站)</td></tr>
<tr><td>市级环境监测站</td></tr>
<tr><td>县级环境监测站</td></tr>
<tr><td>垂直管理</td><td>总站下属近岸海域环境监测分站</td></tr>
<tr><td rowspan="3">国土部门</td><td rowspan="3">分层属地＋省以下垂直管理＋中央垂直管理</td><td rowspan="3">分层属地管理</td><td>中国地质环境监测院</td></tr>
<tr><td>省级地质环境监测总站</td></tr>
<tr><td>市级地质环境监测站</td></tr>
<tr><td rowspan="4">水利部门</td><td rowspan="4">分层属地＋中央垂直管理</td><td rowspan="3">分层属地＋省以下垂直管理为主</td><td>水利部水文局(水土保持监测中心)</td></tr>
<tr><td>省级水文局(水土保持监测站)</td></tr>
<tr><td>市级水文分局(以由省级派出为主)</td></tr>
<tr><td>中央垂直管理</td><td>流域水文局</td></tr>
</table>

续表

部　门	行政管理体制	监测管理体制	生态环境监测网络
气象部门	中央垂直管理	中央垂直管理	中央气象台
			省气象台
			市气象台
			县气象台

具体到环保环境监测部门，当前，我国环保环境监测部门已经形成了全国环境监测总站（中心）—省级环境监测中心站（中心）—地市级环境监测站—县级环境监测站四级纵向环境监测体系。在国家层面有全国环境监测总站和环境保护部辐射监测技术中心，环境保护部辐射环境监测技术中心（浙江省辐射环境监测站）隶属于环境保护部和浙江省环保厅，接受双重管理，两个机构的人数分别为185 人和 481 人。

全国省级环境监测机构为 46 个，地市级环境监测机构为 361 个，县级环境监测机构为 2 346 个。除海南、西藏、青海外，其余各省（直辖市、自治区）、地市级环境监测机构数均达到或超过地市级数，而县区级环境监测机构数均达到县区数的仅有北京、天津、上海、重庆和江西。由于一些城区由市级环境监测站开展监测工作，因此进一步比较县区级环境监测机构数和县数，仍有海南、西藏、青海、甘肃、宁夏和新疆无法满足覆盖所有县的要求。此外，全国省级辐射监测机构为 34 个，地市级辐射监测机构为 108 个，县级辐射监测机构为 75 个。

1.3.3　环境监察的纵向体系

当前，环境监察机构运行机制以块为主、条块结合，环境监察机构受同级环保部门委托授权行使现场执法权，业务上受上一级环境监察机构的指导。

1. 一般环境监察机构的纵向结构

《环境监察办法》是规范环境监察机构建设与管理的部门规章。该《办法》第四条规定："县级以上地方环境保护主管部门负责本行政区域的环境监察工作。各级环境保护主管部门所属的环境监察机构，负责具体实施环境监察工作。"当前，我国环保环境监察部门已经形成了国家环境保护部环境监察局—省级环境监察局(环境保护执法局)+环境监察总队(环境执法稽查总队)—地市级环境监察局+环境监察支队—县级环境监察大队四级纵向环境监察体系。一些县级环境监察机构向所辖乡、镇派设环境监察中队。

一些环境保护局在行政机构内分别设立环境监察处、科、股,与环境监察总队、支队、大队实行一个机构两块牌子。

2. 区域环境监察机构

此外,为加大环境监察督查管理力度,提升跨区域监察能力,近年来我国陆续成立了国家及省级区域环境监察机构。

(1) 国家区域环境监察机构

国家区域环境监察机构包括环境保护部六大区域性环境保护督查中心和环境保护部区域核与辐射安全监督站。

① 区域环境保护督查中心

区域环境保护督查中心职责:监督地方对国家环境政策、法规、标准执行情况;承办重大环境污染与生态破坏案件的查办工作;承办跨省区域和流域重大环境纠纷的协调处理工作;参与重、特大突发环境事件应急响应与处理的督查工作;承办或参与环境执法稽查工作;督查重点污染源和国家审批建设项目"三同时"执行情况;督查国家级自然保护区(风景名胜区、森林公园)、国家重要生态功能保护区环境执法情况;负责跨省区域和流域环境污染与生态破坏案件的来访投诉受理和协调工作;承担部交办的其他工作。

环境保护部华南环境保护督查中心:驻地广东省广州市,负责湖北、湖南、广东、广西、海南五省(自治区)区域内的环境保护执法监督工作。

环境保护部西南环境保护督查中心:驻地四川省成都市,负责重庆、四川、贵州、云南、西藏五省(自治区、直辖市)区域内的环境保护执法监督工作。

环境保护部华东环境保护督查中心:驻地江苏省南京市,负责上海、江苏、浙江、安徽、福建、江西、山东七省(直辖市)区域内的环境保护执法监督工作。

环境保护部华北环境保护督查中心:驻地北京市,负责北京、天津、河北、山西、内蒙古、河南六省(自治区、直辖市)区域内的环境保护执法监督工作。

环境保护部东北环境保护督查中心:驻地辽宁省沈阳市,负责辽宁、吉林、黑龙江三省区域内的环境保护执法监督工作。

环境保护部西北环境保护督查中心:驻地陕西省西安市,负责陕西、甘肃、青海、宁夏、新疆五省(自治区)区域内的环境保护执法监督工作。

② 区域核与辐射安全监督站

区域核与辐射安全监督站职责:负责核设施核与辐射安全的日常监督;负责核设施辐射环境管理的日常监督;负责由环境保护部直接监管的核技术利用项目辐射安全和辐射环境管理的日常监督;负责由环境保护部直接监管的核设施营运单位和核技术利用单位核与辐射事故(含核与辐射恐怖袭击事件)应急准备工作的日常监督,以及事故现场应急响应的监督;负责由环境保护部直接监管的核设施和核技术利用项目辐射监测工作的监督及必要的现场监督性监测、取样与分析;负责对地方环保部门辐射安全和辐射环境管理工作的督查;负责核设施现场民用核安全设备安装活动的日常监督和民用核设施进口核安全设备检查、试验的现场监督;负责民用核设施厂内放射性物品运输活动的监督;负责全国民用核安全设备设计、制造、无损检验活动的日常监督;负责全国民用核安全设备持证单位和境外注册登记单位的例行和非例行核安全检查;负责全国民用核安全设备特种工艺人员资质考核活动的监督;负责全国一类放射性物品运输容器制造活动的监督;承办环境保护部交办的其他事项。

环境保护部华南核与辐射安全监督站:驻地广东省深圳市,负责湖北、湖南、广东、广西、海南五省(自治区)区域内的核与辐射安全监督工作。

环境保护部西南核与辐射安全监督站:驻地四川省成都市,负责重庆、四川、贵州、云南、西藏五省(自治区、直辖市)区域内的核与辐射安全监督工作。

环境保护部华东核与辐射安全监督站:驻地上海市,负责上海、江苏、浙江、安徽、福建、江西、山东七省(直辖市)区域内的核与辐射安全监督工作。

环境保护部华北核与辐射安全监督站:驻地北京市,负责北京、天津、河北、山西、内蒙古、河南六省(自治区、直辖市)区域内的核与辐射安全监督工作。

环境保护部东北核与辐射安全监督站:驻地辽宁省大连市,负责辽宁、吉林、黑龙江三省区域内的核与辐射安全监督工作。

环境保护部西北核与辐射安全监督站:驻地甘肃省兰州市,负责陕西、甘肃、青海、宁夏、新疆五省(自治区)区域内的核与辐射安全监督工作。

(2) 省级区域环境监察机构

江苏、内蒙古等省(自治区)等都试点了省级区域环境监察。

① 江苏省环保厅苏南、苏中、苏北三大区域环保督查中心

2009年，江苏省环保厅苏南、苏中、苏北三大区域环保督查中心全面组建，承担所辖区域内的环境保护督查工作。现有编制75个。2010年5月18日，江苏省环保厅决定，南京地区的环保督查工作由江苏省环境监察总队负责，三个督查中心其他监管区域不变。

② 内蒙古自治区西部环境保护督查中心、东部环境保护督查中心

内蒙古自治区西部环境保护督查中心及东部环境保护督查中心于2008年成立，为隶属于自治区环境保护厅的相当于正处级的事业单位。其主要职责是：承担所属区域内重大环境污染与生态破坏案件的查办工作；承担跨区域和流域重大环境纠纷的协调处理工作；参与重、特大突发环境事件应急响应与处理的督查工作；承担跨区域和流域的环境污染与生态破坏案件的来访投诉受理和协调工作；核查所属区域主要污染物减排情况等。

此外，陕西省环境保护厅在陕北设立了驻陕北环境保护督查中心。该中心是2008年9月经省编委批准，于2009年5月正式挂牌成立，正处级建制，属省环保厅直属全额拨款的事业单位。其主要负责监督榆林、延安两市的环境监察督查工作。广东省环境保护厅下设东江监察局，负责监督、检查、协调东江流域和东深供水工程的水污染防治工作，以及对东江流域重大或跨市水污染事故和纠纷的调查处理。河北省环境保护厅下设河北省子牙河白洋淀环境保护督查中心，负责监督、检查、协调子牙河白洋淀水污染防治工作，以及对流域重大水污染事故和纠纷的调查处理等。辽宁省环境保护厅在抚顺大伙房下设水源环境监察局，该局专门监控大伙房水库的水质，并负责对其环境突发事件做应急准备。

1.4 当前环境管理存在的问题

1.4.1 一般问题分析

现行以块为主的地方环保管理体制存在四个突出问题：一是难以落实对地方政府及其相关部门的监督责任；二是难以解决地方保护主义对环境管理执法的干预；三是难以适应统筹解决跨区域、跨流域环境问题的新要求；四是难以规范和加强地方环境管理机构队伍建设。具体而言表现为以下几方面。

1. 环保行政管理的一般问题

(1) 环保部门缺乏参与综合决策的机制和手段

经济社会发展的重大决策对环境保护具有举足轻重的影响，环境保护只有参与到国家或地方综合决策中来，才能变被动的末端治理为主动的源头预防。目前，国家十分重视环境保护，已经提出了“五位一体”建设生态文明的要求，将环境保护作为实施宏观调控的重要手段，这就需要环保部门能够全面、充分地参与政府综合决策。但是，目前环保部门参与综合决策的能力较弱，缺乏应有的机制和手段。

(2) 生态环境管理易受地方政府掣肘

我国地方环保部门的领导体制仍是以地方政府为主、上级环保部门为辅的双层领导体制，上级环保部门与下级环保部门之间只是一种松散型的业务指导关系，难以实现政令畅通。地方环保部门的人、财、物直接受地方政府的控制，因而，环保行政管理很容易受地方政府的干扰。一些经济落后地区的地方政府出于财政的压力，热衷于“招商引资”，不惜给予相关企业包括大幅度降低环保门槛在内的诸多“隐含优惠条件”，干扰环保行政主管部门正常的环境许可。

(3) 环境监管能力弱

我国环境管理事业发展到今天，已经形成了一支基本能够完成各项环境监管业务的专业管理队伍。但是，随着环境问题的凸显和生态文明建设的要求，我国环境监管能力总体上仍较弱，无论是在各级环保机构的人员编制数、人员专业结构还是监管设备等方面，与管理需求都存在巨大差距，无法有效满足统一监管的工作需求和人民改善环境质量的目标需求。

2. 环境监测的一般问题

尽管我国环境监测事业在近 40 年的发展中取得了显著成就，为我国的环境保护工作发挥了重要作用。但是，面对当前生态文明建设的新形势和新要求，我国生态环境监测事业的发展还存在诸多问题。

(1) 问题表现

一是网络方面，表现为全国环境监测体系网络不健全，功能不完善。监测网络尚不能较为全面地覆盖我国国土和河湖，相当大一部分县域的空气质量监测点位不足，无法观测反映区域环境空气质量。土壤环境监测方面，我国于 2005 年 4 月至 2013 年 12 月开展了首次全国土壤污染状况调查，受客观条件限制，总体点位较疏，针对耕地土壤的调查每9.6万亩才布设1个点位，只能从宏观上反映我国耕地土壤环境质量的总体状况。农村环境质量的监测更是长期滞后，2012年，全国总共才选择了798个村庄进行农村环境质量试点监测。

二是人员方面，表现为环境监测机构人员严重不足，尤其是在编人员严重不足。环保系统各级监测站大多数组建于20世纪80年代，人员编制是依据当时的环保工作形势任务确定的。近年来，全国环保工作形势发生了重大变化，环境质量监测在不断拓展，污染源监督性监测、环境应急监测任务量成倍增加，管理部门对监测的信息、报告、数据的需求越来越大，但是大多数监测站人员编制并没有增加，导致干部职工长期处于疲于应付的工作状态。目前，相当一部分监测站不得不通过自筹经费临时外聘工作人员，以缓解人手不足的现实矛盾，有的监测站在编人员与临时聘用人员比例达到1∶1。环境监测机构人员严重不足尤其表现在县级环境监测站，一些县级环境监测站工作人员长期被环保局机关或其他部门借调，导致监测人员名义占用编制而实际并不在监测岗位工作，情况严重地区在岗率甚至不足编制数量的1/4。同时，还面临技术人员比例较低，不适应监测需要的问题。

三是监测能力方面，表现为能力滞后，削弱了环保部门的话语权。近年来，随着产业阶梯发展，一些高污染、高能耗项目落户落后地区，少数工业园区污染严重，但由于当地的环境监测跟不上，难以监测污染因子和核算排污总量，拿不出令环境违法者信服的科学凭据，更导致监测执法苍白无力。一些地区环境应急监测设备匮乏，在应对突发性污染事故时往往能力薄弱，也难以为地方政府部门科学、果断决策提供依据。

四是质量控制方面，表现为监测数据质量有待提高，质量控制不足等突出问题。目前，由于人员技术力量不足，质量控制体系建设与手段不足，以及仪器购置、校准、维护管理不足等问题，一些环境监测数据质量不可靠，既影响了监测的科学性、权威性，也伤害了政府的公信力。此外，环境监测工作独立性不够，个别地方存在受地方利益干预的现象，甚至为了地方政府在环境考核管理中取得好成绩而恶意篡改数据，破坏了正常的环境监测和督查秩序。

五是均衡性方面，表现为各级环境监测站建设发展不平衡，基层监测机构整体差距较大，地区差距明显。经济发达地区与欠发达地区的决策层对环境监测的认知度不同，致使不同区域之间在监测能力建设发展上不平衡；对以“吃饭财政”为主的经济落后地区，资金投入缺乏长效保障机制，仪器装备水平较低，队伍配置和结构不合理，环境监测工作难度大。东、中、西部地区之间，城乡之间能力差异依然较大。据统计，目前，北京、上海、江苏、山东平均每站的仪器原值达到1 600万元以上，而中西部的河南、宁夏等9省（自治区）平均每站不足500万元，其中江西仅有99万元，是全国平均水平的1/5，是北京的1/16。

六是职能方面，表现为职能不清，错位越位缺位同时存在。一些可以由市场去做的工作，环保部门的监测站仍重点开展，表现为职能越位。为求得生存和发展空间，不同部门的监测机构在为社会提供有偿监测服务的市场中相互竞争，滋生腐败，甚至影响监测质量，影响了环境监测市场的正常发展。一些工作出现错位，比如在环境质量监测方面，目前是考核谁，谁出数据，影响了环境状况评估的公正性。一些工作又明显表现为缺位，比如在农村土壤环境质量监测方面，监测严重不足，导致一些重金属污染严重的农田不能得到有效修复和合理安排。

（2）应用问题

一是监测数据进一步发掘应用不足。系统的监测数据可以为掌握区域生态环境状况、了解生态环境演化规律、做好地区及流域生态安全预警等提供翔实的基础。但是，总体而言，各地环境监测部门仍处于初级监测阶段，尚未有效开展监测数据的进一步发掘利用。

二是信息化水平及共享程度不高。近年来，我国环境监测部门的信息化水平得到显著提高，当前我国多数监测部门都已建立了生态环境监测数据的数据库，有些省份已经组建了环境信息中心，有力推动了环境监测数据的信息化。但是，总体而言，多数数据库未能有效实现共享，相当一部分数据只是为监测部门和管理部门掌握。科研机构无法共享获取这些有用的数据，无法利用这些数据开展研究。一些地方的信息化水平较低，公众无法及时了解区域环境质量信息，无法满足其环境知情权。

三是监测与监管结合不紧密。环境监测是环境保护工作的基础，环境监测数据是环境监管的重要依据。环境监测工作可以根据污染分布情况，追踪寻找污染源，为实现监督管理、控制污染提供依据；收集本底数据，积累长期监测资料，为研究环境容量、实施总量控制和目标管理、预测预报环境质量提供数据，为制订环境法规、标准、规划等提供依据。但是，目前我国的环境监测工作仍主要停留在数据监测与初步分析阶段,监测工作与环境监管的结合尚不够紧密。

四是监测无法有效支撑环境应急等工作。一些地区环境应急监测设备匮乏,在应对突发性污染事故时往往能力薄弱,难以为地方政府部门进行科学、果断的决策提供依据。

(3) 支撑体系问题

一是法律支撑不力。在我国现行的法律体系中,并没有一部全国统一的、专门的环境监测法律法规,现有法律法规对环境监测的规定比较分散、笼统,缺乏可操作性,各部门开展监测活动所依据的法律法规条款各有不同,有的甚至还相互冲突。如:环保部门主要是按照《中华人民共和国环境保护法》等有关法律的规定,开展环境监测及其管理活动。水利、气象、海洋、地震等部门基本是按照《中华人民共和国水法》《中华人民共和国气象法》《中华人民共和国海洋环境保护法》《中华人民共和国地震监测管理条例》等相关法律法规的规定,开展本部门的环境监测与管理活动。《中华人民共和国环境保护法》《中华人民共和国水污染防治法》均明确赋予环保部门对我国水环境进行监督监测的职能,《中华人民共和国水法》也规定水利部门应对水环境进行监测。由于各部门开展环境监测的法律规定相互矛盾,而且没有一部专门的环境监测法律法规对环境监测的性质、地位、作用及其管理体制等做出明确、统一的界定,导致环境监测的法律地位不明确,难以实施统一的监督和管理,造成当前各部门、各行业的环境监测工作存在各自为战、各层次环境监测无序发展的状况。

二是技术支撑不足。当前,我国环境监测机构主要还处在问题导向的环境应用工作中,多数精力用于应付各项监测工作,缺乏必要的人力、财力等支撑着眼于长远的、着眼于未来的环境监测技术研发工作,这就导致当前我国环境监测整体面临技术支撑不足的问题,主要包括环境监测技术储备不足,监测技术标准体系不先进,监测工作深度、广度不能满足掌握环境质量、生态现状和污染物总量控制的需要等。

三是资金支撑不足。环境监测发展缺乏固定、长效的财力保障。环境监测工作属于典型的政府职能,需要稳定的经费投入,应由财政资金予以保障。近年来,以中央减排专项环境监测站标准化建设项目和基层环境监测监察执法业务用房建设项目为契机,各县级站积极争取地方财政配套资金,使得仪器设备、业务用房、监测用车等硬件设施建设提升较快。然而,总体来看目前的环境监测投入仍然不足，许多地区并未将监测经费纳入地方财政预算。尤其是存在“重建设轻运行”的情况，财政资金在仪器设备更新维护、实验室与站房改造运转、车辆使用等相应运行维护经费方面无法落实，影响监测业务的正常开展。目前各级监测站的能力与《环境监测站建设标准（试行）》的基本能力配置标准相比，差距仍较大，特别是大量承担监测任务的城市站和县级站，并以中西部地区问题最为突出。

3. 环境监察的一般问题

（1）生态环境监管执法易受地方政府掣肘

地方环境执法机构的人、财、物和考核同样受地方政府控制。因而，在环境监察执法中也很容易受地方政府的干扰。尤其是在一些经济落后地区，地方政府出于GDP发展的需要和财政的压力，给予相关污染企业诸如不检查执法“干扰企业运行秩序”的承诺，环境监察机构正常的环境执法活动常常被地方政府的各种“关照”干扰，导致一些环境违法行为被包庇。

（2）生态环境监管执法保障能力弱

环境执法专业性强，技术要求高，但目前执法队伍人员素质参差不齐，环境监察设备匮乏。执法手段落后、执法装备不足、环境执法专业化水平低的状况已成为制约环境监管和行政执法的瓶颈。往往由于环境监察跟不上，难以监察污染因子和核算排污总量及其变化规律，拿不出令环境违法者信服的真凭实据，导致监察执法苍白无力。一些地区在应对突发性污染事故时表现出能力薄弱，难以为地方政府部门进行科学、果断的决策提供依据。由于环保部门未被列为执法部门，还导致执法车辆、制服等无法得到有效的配套保障，甚至在部分地区，环境监管执法经费未纳入财政的全额保障范围。

（3）机构执法权不足

虽然《环境保护法》对环保部门环境执法进行了明确授权，国务院办公厅《关于加强环境监管执法的通知》也明确要求加强环保部门的执法能力建设，但是环境监察人员仅实行参照公务员管理的事业编制管理，在执法中存在身份尴尬问题。作为环境监管执法的主要力量，省及以下环境监察部门大部分为参公或者公益一类事业单位，未能纳入公务员管理，这使得环境执法的独立性、权威性和有效性受到影响。同时，部分地区环境执法机构执法经费没保障，靠征收排污费维持运转，严重影响了提高执法能力和公正性。

（4）基层环境执法人员责任重与风险大并存

基层监察人员工作条件苦、责任重、风险大。一是执法过程中风险大，由于缺乏保护和自我保护能力，甚至存在工作人员被殴打的情形。二是执法要面对不同利益群体，常常因为严格执法而遭遇上级的批评。三是由于执法能力不足，一些环境事件发生后，尤其是一些安全事件之后，基层监察人员往往成为替罪羊，得不到保护。

（5）技术规范不足

环境监察工作专业性较强，需要以科学的技术规范（表 1-4）加以指导，以此保障环境监察工作的科学性和规范性，保障监察结果的可靠性。我国近年来不

表 1-4　环境监察技术标准

类　型	标准名称	标准号/文号
行业性监察技术指南	《工业污染源现场检查技术规范》	HJ 606—2011
	《城镇污水处理厂运行监督管理技术规范》	HJ 2038—2014
	《危险废物集中焚烧处置设施运行监督管理技术规范》	HJ 515—2010
	《畜禽养殖场（小区）环境监察工作指南（试行）》	环办〔2010〕84 号
	《电镀行业现场环境监察指南（试行）》	环监发〔2013〕4 号
	《铜冶炼行业现场环境监察指南（试行）》	环监发〔2014〕9 号
	《燃煤火电行业现场环境监察指南》	环监发〔2015〕11 号
	《铅冶炼（含再生铅冶炼）行业现场环境监察指南（试行）》	
	《铅蓄电池行业现场环境监察指南（试行）》	
	《电镀行业环境监察简要指南（试行）》	
一般性监察技术指南	《国控污染源排放口污染物排放量计算方法》	环办〔2011〕8 号
	《污染源自动监控设施现场监督检查技术指南》	环办〔2012〕57 号
	《关于在污染源日常环境监管领域推广随机抽查制度的实施方案》	环办〔2015〕88 号
一般性监察工作指南	《环境保护档案管理规范 环境监察》	HJ/T 295—2006
	《排污费征收工作稽查办法》	总局令第 42 号
	《环境行政处罚主要文书制作指南》	环办〔2010〕51 号
	《环境行政处罚证据指南》	环办〔2011〕66 号
	《环境保护主管部门实施查封、扣押办法》	部令第 29 号

断努力构建环境监察技术规范体系，但是，总体而言与目标的差距还是较大。由于技术规范不足，环境监察机构无法科学规范地进行环境监管和行政执法，降低了执法的准确性和权威性。

1.4.2　横向问题分析

1. 环保行政管理的横向问题

(1) 部门职责交叉严重，难以统一监管到位

保护环境是我国政府各部门共同的责任，各部门理应围绕本部门的主要职责依法开展环保工作，通过多部门合作，促进我国环境保护工作的整体推进。但实际上，由于种种因素，造成工作中部门职责交叉，甚至“争权夺利”现象普遍存在。一是由于历史原因，原先的资源与环境管理职能分散在各部门。在成立环保机构后，只注意对新机构的授权，未能撤销或完全撤销原部门的环保相关职能。二是长期部门立法，“依法打架”问题突出。国务院各部门既承担政策法规的制定，又同时是执法主体。由执法者立法，必然导致依法“争权谋利”，造成“国家利益部门化，部门利益法制化”。三是资源管理部门既有资源保护、生态建设的职能，又有经营和开发资源的任务，不利于生态保护。部门职责交叉往往导致部门争抢权力而不承担责任，不仅造成工作重复、协调困难，而且加大了行政成本，降低了整个环保行政管理效率。

(2) 综合协调能力不足，难以形成管理合力

环境具有系统性，环境问题涉及众多部门、行业、领域，客观上需要进一步加强部门协调机制。党的十八大提出生态文明建设五位一体的要求，环境保护涉及社会政治经济生活的各个方面，制定重要环境政策、统一重大环保行动的协调任务极为繁重。但是，自 1998 年国务院环委会撤销后，我国缺乏环境保护工作高层次协调机制。环保部门缺乏综合协调能力，难以形成环境管理的合力。

(3) 环境管理能力区域发展不平衡

空间上的横向问题表现为环境管理能力区域发展不平衡。一是我国地区社会经济发展水平差异较大，东部发达地区有较强的财政收入的支持，有能力提供环境保护公共服务，对环境管理机构投入资金购买执法监察设备，增加监察执法人员；而以“吃饭财政”为主的经济落后地区，资金投入缺乏长效保障机制，装备

水平较低，队伍配置和结构不合理，难以有效开展环境管理工作。二是经济发达地区与欠发达地区的决策层对环境管理的认知度不同，社会公众对环境的需求与压力也不同，发达地区意识到需要加大对环境管理能力建设的投入，欠发达地区则往往缺乏投入意愿，区域之间环境管理能力建设投入意愿的差异更加剧了不同区域之间在监察能力建设发展上的不平衡。

(4) 缺乏区域、流域环境管理协作机制

在区域、流域内，各地方政府之间各自为战，缺乏协调性，会带来区域性、流域性的污染问题。而随着区域性大气污染和流域性水污染事件的爆发，以属地为主的环境管理体制又更难跨区域、全流域统筹解决环境问题。目前，尽管在环境监察局设立了区域监察处，以协调解决跨省区域流域环境问题和环境污染纠纷，在国家层面建立了六大区域性督查中心，在少数省份也试点建立了区域性督查中心，但总体而言，仍缺乏区域性、流域性环保机构。这就导致缺乏区域性、流域性环境管理协作机制，无力跨区域、全流域统筹解决区域性、流域性环境问题。

2. 环境监测的横向问题

目前，我国环境监测事业的发展从横向上看，缺乏战略统筹和有效监管，主要表现在以下四个方面。

(1) 业务工作部门为战

环境是一个涉及多要素的复杂系统，要说清全国环境质量及其变化趋势，国土、建设、水利、农业、环保、林业、气象、海洋等部门必须密切配合与团结协作。但是，尽管当前国务院在“三定”方案中明确了各部门的职责，在具体工作中，仍有各部门对职责理解模糊，监测任务界定不清的表现。一些监测领域相关部门争先恐后介入，工作严重交叉重复；而有的领域则无人问津，出现了真空地带。

以生态环境监测为例，尽管各部门的职责都很明确，如农业部门负责农业生态环境、林业部门负责林业生态环境、国土部门负责资源生态环境（如土壤环境）等。但由于各部门对环境监测职责理解的不同，都以本部门职责范畴为由，各自开展行业性环境监测，而且部门之间监测活动相对封闭，缺乏联合协作机制，成果和信息难以实现共享。很多工作即便明知是重复性工作，也要去做。因为各部门都觉得与其向其他部门索要数据，不如用本部门的监测数据更简便。这种部门之间的各自为战相对全国一盘棋而言，无疑是一种极大的浪费。比如近年来开展的耗资较大的生态环境状况调查，各有关部门都争着做。令人遗憾的是，与此相反，对于费时费力而又无名无利的地面生态监测和生态监测技术体系建设，各部门的热情普遍不高，使生态监测出现重硬件建设、轻软实力提升的“一头热”现象。

又如，环保部门、农业部门均在开展污灌区、农产品产地土壤监测；在环境保护部会同国土资源部开展全国土壤污染监测的同时，国土资源部也在开展全国农业地质调查，而农业部则在进行基本农田土壤污染监测。此外，三部门还在不同程度上开展了土壤环境质量监测，监测对象均为农田或农产品产地土壤。任务交叉、项目重叠，不仅严重耗费了国家的人力、财力、物力，而且无法全面反映我国的土壤环境状况。

再如地表水监测，环保部门一直在对全国的江河湖库等地表水水质进行长期、系统的监测，而近些年来，水利部门也在强化流域水质监测能力，开展地表水水质监测并发布水质监测信息。水利部门一直从事水文监测，由于详细的水文监测数据不能共享，环保部门为了掌握省界等断面的污染物通量情况，也逐步开展了流量监测。两部门监测工作严重交叉重复，数据矛盾不断。

另外，气象部门近些年逐步加强对空气污染物、酸雨、沙尘暴等的监测，与环保部门、林业部门存在交叉重复；海洋部门与环保部门也存在监测工作交叉重复的问题。

(2) 技术标准自成体系

当前，涉足环境质量监测的各有关部门，均建成了服务于本部门管理需要的环境监测技术体系，除共同执行少部分国家标准外，各部门大多执行本部门制定的环境监测行业技术标准(包括技术规范、技术要求、技术导则等)和监测数据上报制度等，在监测技术路线、点位布设、监测内容、时间频次、设备选型要求、评价指标与方法等方面均存在较大差异，从而严重影响了环境监测数据的可比性。

例如，近年来，水利部门在原水文局的基础上纷纷成立了各省、市水环境监测中心，长江、黄河、淮河等各大流域机构也相继成立了流域水环境监测中心，并开展了排污口水质监测工作。尽管水利部门的水环境监测中心采用《地表水环境质量标准》(GB 3838—2002)进行监测评价，但采样和分析主要是依据本部门的《水质采样技术规程》(SL 187—1996)、《水环境监测规范》(SL 219—2013)而进行的。因此，在入河排污口的监测方面，不仅监测时间、频次、分析方法和规范不同，排污口的数量和位置也不同。以淮河流域为例，环保部门对国务院批复的《淮河流域水污染防治“十五”计划》中确定的314个入河排污口进行监测，这是经过科学测算后确定的，而水利部门则是对597个排污口进行监测，比环保部门多283个。两部门监测的排污口的主要区别在于：一是支流口的监测，对短距离内即汇合的支流口，环保部门监测汇合后的支流口，水利部门则全部监测，包括了重复计算的量在内；二是短距离内排入同一沟渠的企业排污口，环保部门监测沟渠口，而水利部门则对企业排污口和沟渠口同时监测并重复计算。所以，水利部门的数据包括了重复计算的入河量，要大于环保部门的监测数据，并不能真正体现污染物总量和水质之间的关系。由于监测技术标准不统一，水利部门与环保部门在监测结果上往往有所差异，数据争端屡见不鲜。

又如，在土壤监测技术与方法方面，环保部门颁布有《土壤环境监测技术规范》(HJ/T 166—2004)，农业部颁布了《土壤监测规程》(NY/T 1119—2006)，国土资源部门中国地质调查局颁布了《多目标区域地球化学调查规范》(DD 2005—01)等标准。再如地下水监测方面，环保部门执行《地下水环境监测技术规范》(HJ/T 164—2004)，水利部门执行《地下水监测规范》(SL 183—2005)等。由于监测技术方法不统一，因此造成各环境监测信息无法进行整合。

(3) 装备能力重复建设

我国国土、建设、水利、农业、卫生、环保、海洋等部门经过多年发展，均根据各自管理需要建立了相应的环境监测网。如国土部门建立了地下水水质监测网；水利部门建立了国家水文水质监测网；环保部门建立了由国家、省、市、县四级监测站组成的国家级、省级、市级环境监测网；海洋部门建立了国家海洋污染监测网；气象部门建立了由市、县气象台组成的国家酸雨监测网；农业、林业、海洋、气象和中国科学院分别建立了有关生态监测或研究网络；等等。由于缺乏统一规划，各环境监测网都只是根据自身需要来进行能力建设的，不仅加重了国家和地方财政负担，而且造成了严重的低水平重复建设。

(4) 信息发布混乱无序

目前，各部门生态环境监测网络分割，各部门都建立了本部门的监测数据上报制度，用于编制各类环境监测报告等，以报送中央政府或各级政府有关部门，并在网络、报刊等媒体公开发布。各部门在监测断面布设、监测内容、技术规范、评价标准等方面存在较大差异，信息壁垒普遍存在，发布的环境监测报告不仅在监测区域上有重复，内容上有交叉，而且监测评价结果往往存在很大的不同和争议，甚至是相互矛盾的。即使针对环境突发事件，如陕西丹凤县氰化物污染事件，也曾一度出现了有关部门滥发环境污染信息的问题，引发公众的认识混乱，对社会稳定和经济外贸造成严重不良影响。因多头发布环境监测信息造成的信息混乱，不仅使政府及有关部门不能全面准确掌握环境状况，对政府科学决策和宏观调控造成困难，而且严重影响了政府在社会公众中的权威和公信力。

3. 环境监察的横向问题

(1) 生态环境监管执法职责部门分割严重

职能上的横向问题表现为，长期以来，环境保护部门的环境监督管理职责主要集中在对环境污染防治的监管，而资源保护与生态监管仍旧由其他行政主管部门实施监督管理，生态环境监管执法职责部门分割严重。生态保护和污染防治在现实中又往往共生共存、难以分割，制度设计上的划分导致了生态环境监管的破碎，“执法内耗”反过来又加剧了生态环境的破坏。目前，从各地方政府环保职能的分配来看，环境保护的职能也分散于众多的职能部门，如水利、农林、渔业、城乡建设、发展改革等部门。环境监管执法职能碎片化、“九龙治水”，同一件事多头管理，职责交叉、多头执法、重复处罚、效能低下。目前尚没有相应的法律法规来形成规范具体的、切实有效的协调机制，因而难以形成执法的合力；更没有具体有效的监督机制，环保部门对于地方政府和其他负有环境保护职责的相关部门的监督难以实现。

(2) 环境监察机构建设区域发展不平衡

与前述环境管理及环境监测机构类似，环境监察机构也表现为横向上区域发展的不平衡。同样由于我国地区社会经济发展水平和环境认知差异较大，东部发达地区既有有较强的财力保证，也有较强意愿支持环境监察机构购买执法监察设备，增加监察执法人员；而经济落后地区既缺乏资金也缺乏积极性，因此监察装备水平较低，监察队伍配置和结构也明显不合理，不同区域之间在监察能力建设发展上表现出显著的不平衡。

(3) 缺乏区域、流域环境执法协作机制

近年来，随着社会经济的发展，区域性雾霾等大面积大气污染事件和流域性水污染事件屡屡爆发，以属地为主的环境监察管理体制已经难以适应统筹解决跨区域、跨流域环境问题的新要求。但是，如前所述，由于缺乏区域、流域环境管理协作机制，与之相应的环境执法协作机制也就无从谈起。

1.4.3 纵向问题分析

1. 环保行政管理的纵向问题

目前，我国环境管理事业的发展从纵向上看，存在上下职责同构、缺乏层级间协作机制、基层管理能力与职责不对称、最基层环境管理缺位等问题。

(1) 上下职责同构问题突出

受长期计划体制的影响，我国不同层级的政府部门在纵向职能、职责和机构设置上高度一致。在这种政府管理模式下，我国每一级政府都管理大体相同的事务，相应地在机构设置上表现为上下对口、左右对齐。职责同构必然造成针对一项具体职责条条管、块块也管的格局，导致条块矛盾无法解决。这不仅增加了政府运行成本，降低了政府信誉，还容易滋生官僚主义。在环保行政管理纵向体系方面，同样存在上下职责同构，尤其是市县环保局之间上下职责同构问题突出。在环境问题中，“职责同构”造成上下级政府间职能划分不明确，既给各级政府间相互推卸环保责任提供了可能，又为环境保护带来了阻力。当有环境保护方面的利益，如环境治理工程拨款、环境违法行为的罚款权时，相互间争夺利益；而当治理环境需要大量投入时，各层级政府及其部门间又相互推诿扯皮。

(2) 缺乏层级间协作机制

目前我国环境管理实行属地管理为主的体制，上下级环境管理机构之间是业务指导关系，总体上各层级间相互独立，缺乏有效的环境管理执法协作机制。甚至在一些上下级环境管理机构之间还存在相互不信任、相互提防的问题。这就导致在一些环境管理工作中不是尽量形成合力，而是相互内耗，影响了环保系统整体能力的发挥。

(3) 基层管理能力与职责不对称

我国经济社会在经过数十年高速发展后，已成为世界第二大经济体和世界工厂，环境污染压力巨大，环境管理任务十分艰巨。尤其是大量企业分布在县区，因此，大量监管和治理任务落实在基层环境管理机构。但是，我国纵向的环境管理能力却表现为明显的倒金字塔形结构，呈省、市、县逐级降低的倒挂现象。上层环保行政管理机构人员相对较多，专业水平较高，经费较为充足；基层面对大量污染问题，需要更多的监管力量，但是监管机构欠缺、人员紧张、技术水平低，并且人员配备不足、运行保障经费不足，与日益繁重的环境管理任务严重不相适应，机构的重心错位带来基层环境管理的缺位，已成为制约我国整体环境管理能力和水平提高的瓶颈。

（4）最基层环境管理缺位

目前，我国环境管理体制是国家—省—市—县四级管理体制，未能延伸到乡镇，在最基层出现管理结构空洞。由于缺乏专门管理机构和人员，导致乡镇、农村环境得不到有效管理，相关政策无法落实，环境问题得不到关注和妥善解决。除一些经济发达地区外，县级环保机构也普遍人员不足，工作疲于应付，无法切实有效地开展环境管理工作。基层缺位导致我国环境管理部门无法应对大量一线环境问题，积累了大量环境风险。

2. 环境监测的纵向问题

目前，我国环境监测事业的发展从纵向上看，除了存在权责与监测能力不对称以外，还存在缺乏协同作战的统筹安排等问题，主要表现为以下三个方面。

（1）职责与监测能力不对称

在我国的企业布局中，由于大量依靠廉价劳动力和矿产资源，大量企业分布在县区，并未达到国控、省控重点污染源的标准，因此，大量监测任务，尤其是监督监测任务落在了基层县级环境监测站。但是，与之明显相悖的是，在我国，环境监测能力在纵向上也表现为明显的倒金字塔形结构。上级环境监测机构监测技术人员较多，技术水平较高，实验检测设备齐全；而基层环境监测站，尤其是县级站监测机构不足（个别地区甚至缺乏独立监测机构）、监测专业人员紧张、整体监测技术水平较低、实验室基础检测条件差，与繁重的环境监测任务明显不相适应。

（2）技术指导不足

近年来，各地环境监测系统开展了大量环境监测技术的培训工作，还通过组织环境监测技术大比武等活动，有力地促进了基层环境监测机构整体技术水平的提高。但是，在属地管理体制下，监测技术培训仍表现为心有余而力不足，即使培训，也只是短短数日，难以充分利用上级的技术培训能力来较大幅度提升基层环境监测人员的技术水平。

(3) 基层吸引力不足

基层监测人员普遍反映，县级站工作条件艰苦、待遇低、责任重、风险大，与机关公务员和环境监察人员相比差距较大，同时，由于实行属地管理，县级站技术人员严重缺乏上升空间。因此，基层环境监测站职工队伍不稳定，许多环境监测人员不安心本职工作，技术骨干流失严重。以西部某地为例，辖区内 4 个区县环保局均内设环境监测站，这些环境监测站虽然通过了三级站的达标验收，但监测能力十分薄弱，没有一个站能独立完成地表水前 29 项的监测分析任务。

(4) 环境监测系统缺乏统一的协调

由于实行属地管理，省、市、县环境监测系统的力量无法协调，在一些工作中无法有效协作，导致整体监测能力较弱。由于缺乏协调，一些省、市级环境监测站的仪器使用率不足，而县级站因为缺乏仪器设备和技术人员而无法开展一些项目的监测。遇到一些大规模的专项监测，也无法整合各级站的监测能力，导致效率低下，既影响进度，又难以保证质量。

3. 环境监察的纵向问题

目前，我国环境监察事业的发展从纵向上看，也存在权责与监察能力不对称、缺乏协同作战的统筹安排等问题，主要表现为以下三个方面。

(1) 监察能力与职责不对称

同样的，在我国环境监察格局中，大量监察执法对象主要分布在县区，而环境监察能力在纵向上同样突出表现为倒金字塔形结构，层级越往上执法能力越强，机构的重心错位带来基层环境监察的缺位。上层环境监察机构监察专业人员较多，执法业务水平较高，执法设备较齐全。而基层面对大量污染问题，需要更多的执法力量，但是监管执法机构专业执法人员技术水平低、专业设备匮乏，难以有效完成日常环境监察执法任务。

(2) 上下职责同构问题突出

受长期计划体制的影响，我国不同层级的政府部门在纵向职能、职责和机构设置上高度一致。各级政府都管理大体相同的事务，相应地在机构设置上表现为上下对口、左右对齐。职责同构造成权力“集分反复”，增加了政府运行成本。在环境监察纵向体系方面同样表现出上下职责同构，尤其是市县环境监察机构之间，上下职责同构问题突出。由于“职责同构”造成上下级环境监察机构间职能划分不明确，既可能带来各级机构间相互推诿扯皮，还可能带来重复执法问题。

(3) 缺乏层级间执法协作机制

目前我国环境监察实行属地管理为主的体制,上下级环境监察机构之间是业务指导关系,总体上各层级间相互独立,缺乏有效的环境监察执法协作机制。甚至在一些上下级环境监察机构之间还存在相互不信任、相互提防的问题。这就导致在一些环境监察与执法中不是尽量形成合力,而是相互内耗,影响了环境监察系统整体能力的发挥。

第二章 我国环保垂直管理的必要性与可行性

2.1 我国环保垂直管理的必要性

2.1.1 环保行政管理垂直管理的必要性

1. 县域发展竞争失序

改革开放以来，在“发展就是硬道理”的指导思想下，尤其是 GDP 压力传导机制之下，县级政府将大量精力、时间投入到经济发展上。地方政府间的竞争促进了市场化过程，也促进了人才技术的发展进步，完善了市场经济制度，提高了地区竞争力。张五常先生在《中国的经济制度》一书中充分肯定了县际竞争对中国经济发展的积极影响。但在地方政府围绕着劳动力、资本、技术、土地等这些基本生产要素进行竞争的同时，也出现了一些消极的影响，尤其是县级政府间在围绕资源进行竞争时由于缺乏有效的调控手段而出现了恶性竞争，使生态环境遭受严重的污染和破坏。因此，亟待通过一定机制制约这种失序的发展。

2. 避免地方干预，强化监管的严肃性

为了发展经济，一些地方政府不惜强力干预环保行政管理行为，使得当前一些环保法律法规、环境政策无法得到有效落实，环境遭受污染、生态遭到破坏，造成我国经济社会发展的生态短板。因此,有必要改革环保行政管理机构的行政隶属关系,摆脱行政干预,从而更好地体现环境管理的严肃性、公正性和权威性,落实对地方环境保护工作,尤其是县级环保工作的监督责任。

3. 跨区域、流域性的环境问题凸显

我国跨区域、流域性环境问题凸显,当前的属地管理体制严重限制了跨区域、流域性的整体性环境管理执法,使得对地方政府及其相关部门的监督责任难以落实,区域性、流域性环境问题长期困扰各地政府和人民群众。因此,有必要通过省以下环境管理机构的垂直管理,在全省范围内根据自然条件、社会特征和流域空间特征等合理安排跨区域、流域性环境管理职能,实现跨区域的调查和协调,提升监管层级,提升跨区域、流域性环境管理工作能力。

4. 提升基层环境管理能力

当前属地管理体制下,基层环境管理机构的能力建设严重受制于地方政府的财政状况。总体而言,越是基层的政府其公共服务支出压力越大,同时,越是基层的政府其财政状况越困难,基层环境管理能力不足问题尤其突出。因此,有必要对省级以下环境管理机构采用垂直管理的方式,由省级财政保障基层环境管理能力建设,尤其是对于西部经济落后地区的基层环境管理机构,垂直化管理将能够极大改善其能力建设和管理水平。

2.1.2 环境监测垂直管理的必要性

1. 避免干扰,提升数据准确性

数据的准确性是环境监测工作的生命线。由于某些地方政府对环境监测工作的干预,甚至恶意篡改,使得监测数据无法有效支撑环境管理,也使得对地方政府及其相关部门的监督责任难以落实。因此,有必要改革环境监测站的行政隶属关系,摆脱行政干预,杜绝出现因为所在政府的需要而影响监测数据真实性的问题,从而更好地体现环境监测的公正性和权威性,落实对地方环境保护工作的监督责任。

2. 提升整体监测布局的科学性

属地管理体制严重限制了环境监测点位整体布局的条件,有必要通过省以下环境监测机构的垂直管理,在全省范围内,根据自然条件、社会特征和流域空间特征等合理布局环境监测点位，在提升监测布局科学性的同时，有力提升生态环境监测网络的系统性，从而可以更好地掌握区域流域生态环境特征及其演化规律。

3. 提高环境监测经费的使用效率

在属地管理体制下，各级各地环境监测站建设中存在大量重复建设，导致对有限经费的大量浪费。因此，有必要通过省以下环境监测机构的垂直管理，在全省范围内，协调环境监测能力，提高环境监测经费使用效率。同时，在保障地方基本监测能力的同时，垂直管理有利于不同监测站形成自身优势，也有利于提升整个系统的工作效率。

4. 提升基层环境监测能力

在属地管理体制下，基层环境监测机构能力建设严重受制于地方政府的财政状况，导致基层环境监测能力严重不足。因此，有必要通过省级以下环境监测机构的垂直管理，由省级财政保障基层环境监测能力建设，有效提升其能力建设水平，尤其是提升西部一些基层环境监测站的监测能力。

5. 提升基层环境应急等能力

属地管理体制导致基层环境应急等能力同样较弱，无法适应当下环境风险越来越高的形势。因此，有必要通过省级以下环境监测机构的垂直管理，由省级财政保障基层环境监测能力建设，在提升其能力建设和管理水平的同时，提升环境应急等环境监测的综合应用能力。

2.1.3 环境监察垂直管理的必要性

1. 避免地方干预，强化监察执法的严肃性

由于地方对环境监察执法的干预，使得当前一些地区环保有法不依、执法不严，大量违法现象得不到有效追究，严重破坏了生态环境，还导致出现违法成本低，守法成本高，扭曲市场经济的现象。因此，有必要摆脱行政干预，从而更好地体现环境执法的严肃性。

2. 提升基层环境执法能力

属地管理体制下，基层环境执法机构能力建设严重受制于地方政府的财政状况，导致基层环境执法能力严重不足。这就有必要通过省级以下环境监察机

构的垂直管理，由省级财政保障基层环境执法能力建设，大力提升其能力建设和管理水平，尤其是改善西部经济落后地区的基层环境执法机构能力建设和管理水平。

2.1.4　环境管理事权调整的必要性

1. 适应生态文明建设的需要

我国生态文明建设水平仍滞后于经济社会发展，资源约束趋紧，环境污染严重，生态系统退化，发展与人口资源环境之间的矛盾日益突出，已成为经济社会可持续发展的重大瓶颈。目前，我国环保行政管理和生态环境监察存在重心错位、权责不清等突出问题，生态环境监测网络也存在范围和要素覆盖不全，信息化水平和共享程度不高，监测与监管结合不紧密，监测数据质量有待提高等突出问题，难以满足生态文明建设需要。因此，调整环境管理事权，是适应生态文明建设的迫切需要。

2. 适应依法治国和服务型政府的需要

由于历史的局限性，现行的环境管理事权多是基于管制型政府背景提出的，带有明显的政府管制的烙印。随着我国全面深化体制改革的推进，依法治国和提供优质公共服务已经成为我国治理发展的要求。《中共中央关于全面深化改革若干重大问题的决定》提出："必须切实转变政府职能，深化行政体制改革，创新行政管理方式，增强政府公信力和执行力，建设法治政府和服务型政府。"因此，应通过调整环境管理事权，提升我国依法治理环境问题的能力，增强社会服务功能，提升我国环保事业的社会服务能力。

3. 适应市场经济改革的需要

现行的环境管理事权主要是在 20 世纪 80 年代初期形成的，由于历史的局限性，一些事权带有明显的计划经济烙印。随着我国市场经济体系的建设，尤其是加入世贸组织以及党的十八届三中全会提出加快社会主义市场经济体制改革之后，现行的环境管理事权已经越来越不适应市场经济改革的需要。因此，有必要通过调整环境管理事权，为我国市场经济建设提供支持。

4. 适应省以下环保机构垂直管理的需要

"十三五"规划纲要在环境治理制度建设部分提出"实行省以下环保机构监

测监察执法垂直管理制度”，这必然带来省市县各级环保机构新的职能要求。与此同时，省以下环境环保部门垂直管理之后，县级环保局成为市级环保局的派出机构，环境监测监察部门隶属关系也将发生变化，这些变化都要求适时调整环境管理事权。

2.2 我国环境管理垂直管理的可行性

2.2.1 环境管理职能的监管特征

环保行政管理工作主要是一种监管职能，这使得环保行政管理部门在一定程度上可以独立于本地政府，独立开展监管工作。但是，因为环保又是一项综合自然以及各项社会经济活动的工作，因此，环保行政管理部门不宜大范围地实行垂直管理，总体上仍应以属地管理为主，即使实行垂直管理，也应充分与地方衔接。环境监测工作主要是为环境监管提供支撑，相对地表现为一项技术特征较强的工作，因此，环境监测可以相对独立地开展工作，基本不需要依赖地方政府及其他部门的配合。环境监察工作主要为独立的环境监督执法，这就决定了环境监察无须在本地政府领导下开展，不需要过多地依赖与地方其他各部门的协作。因此，实施环境监测和环境监察执法的垂直管理是可行的。

2.2.2 交通条件的改善

交通条件在一定程度上决定了行政区划的层级与幅度、地方政府的管理模式和央地政府的管制关系。由于交通条件的改善使得政府管理半径得到大幅提高，使得上级政府对下级政府的管辖能力大幅增强。改革开放以来，我国交通事业有了飞跃式的进步。以公路为例，我国公路里程数已由1980年的88.83万千米延伸到2014年的446.39万千米，其中高速公路从无到有，截至2014年底已经发展到11.19万千米；同期公路客运量由222 799万人增长至1 908 198万人。由于高等级公路网的建设，使得如今在一个地市监管范围内的往返时间已经远低于过去在一个县监管范围内的往返时间，这无疑为环境垂直管理提供了可能。同时我国环境监测部门的监测专用车配置有了快速增长，近年来，各地监测和监察专用车得到较好保障，也为环境监测和监察的垂直管理提供了可能的条件。

2.2.3　信息技术的进步

改革开放以来，我国通讯事业取得了飞跃式的进步。固定长途电话交换机容量由 1980 年的 1 969 个路端增长到 2014 年的 9 829 082 个路端；局用交换机容量由 1980 年的 443.2 万门增长到 2014 年的 40 517.1 万门；移动电话交换机容量从无到有，发展到 2014 年的 205 024.9 万门；移动电话基站从无到有，发展到 2014 年的 350.8 万户；光缆线路长度从无到有，发展到 2014 年的 20 612 529 千米；电话普及率由 1980 年的 0.43 部/百人增长到 2014 年的 18.24 部/百人，其中，固定电话普及率由 1980 年的 0.43 部/百人增长到 2014 年的 112.26 部/百人，移动电话普及率从无到有，增长到 2014 年的 94.03 部/百人；互联网普及率从无到有，增长到 2014 年的 49.9%，开通互联网宽带业务的行政村比重达到 93.50%。2014 年，我国互联网上网人数达 64 875 万人，互联网拨号用户 441.6 万户，移动互联网用户 87 522.1 万户，互联网宽带接入用户 20 048.3 万户。目前我国已经形成了从国家到省级到市级到县级的生态环境监控信息平台系统，构建了庞大的环境信息数据库，形成了规范的环境信息网络，使环境信息共享成为可能，也使环境垂直管理成为可能。

2.2.4　监测技术的进步

随着监测技术的进步，自动监测技术、在线监测技术以及遥感监测技术等远距离监测技术得到快速发展，这些技术的发展为环境监测垂直管理提供了技术上的可行性。

1. 自动监测技术

自动检测技术是自动化技术的一个重要分支科学，实现了在测量和检验过程中完全不需要或仅需要很少的人工干预就可以自动进行并完成工作。自动检测技术可以提高自动化水平和程度，减少人为干扰因素和人为差错，提高生产过程或设备的可靠性及运行效率。在环境领域已发展出水质自动监测技术、环境空气自动监测技术、废水废气自动监测及噪声自动监测技术等环境自动监测技术体系，为环境监测垂直管理提供了技术支持。

2. 在线监测技术

环境在线监测系统是以在线自动分析仪器为核心，运用现代传感器技术、自动测量技术、自动控制技术、计算机应用技术以及相关的专用分析软件和GPRS无线数据传输方式所组成的一个综合性在线自动环保监测与环境预警的信息平台。该技术已在水质监测、烟气自动监测、空气质量监测、环境噪声监测以及视频监测等多种环境在线监测过程中广泛应用。系统以污染源在线监测为基础，对环境中的目标污染物进行实时监控，利用无线网络传输技术对排污单位及监控断面进行同步跟踪和监控，使环保部门能够及时了解企业生产、运营及污染处理设施的运行状况，为强化环境监测、监理工作提供了翔实可靠的依据，减少了现场调研的烦琐环节，大大提高了工作效率，为环境监察与环境监测垂直管理提供了条件。

3. 遥感监测技术

遥感监测是利用遥感技术进行监测的技术方法，目前在环境遥感方面，主要开展了生态遥感调查、秸秆焚烧遥感监测、大气污染物遥感监测、湖体富营养化监测、海洋热污染及溢油污染监测等。遥感监测技术以其大范围、快速化等优点有效解决了环境管理中管理半径的限制，同样为环境监察与环境监测垂直管理提供了条件。

2.2.5 上级财政的保证

实行分税制之后，在我国财政分级管理体系中，形成了从中央到省、市、县，总体上越到基层，财政压力越大的局面。近年来随着服务型政府的提出，市县财政，尤其是县级财政在越来越重的事权压力下，地方财政困难突出。在地方各级政府中，省级财政相对有较好的保障。以江苏省为例，2014 年，江苏省全省一般公共预算总收入 9 609.57 亿元，其中省级一般公共预算总收入 3 346.94 亿元，占比达 34.83%。全省一般公共预算总支出 8 845.74 亿元，其中省级一般公共预算总支出 3 276.71 亿元，占比达 37.04%。这显示，在东部省份，省本级有较强的财政支出能力。同期，中部省份湖南省全省可安排使用的收入总量为5 616.4亿元，省级可安排使用的收入总量为3 418.5亿元，占比高达60.87%。全省财政支出5 024.5亿元，省级支出总计3 418.5亿元，占比达68.04%；其中省本级支出590.7亿元，补助市县2 473.5亿元，补助市县占比高达72.36%。因此，对中部省份而言，省级具有较强的财政支出能力。同期，西部省份陕西省全省地方财政收入1 890.4亿元，其中省级地方财政收入511.3亿元，占比达27%。全省财政支出3 962.5亿元，省级财政支出901.3亿元，占比达22.75%。因此，对西部省份而言，省级也具有较强的财政支出能力。

2.2.6　户籍制度与社会保障制度的支持

随着我国各项社会事业的发展和改革进程的推进，我国的户籍制度改革取得了较大的进步。2014年7月，国务院印发了《关于进一步推进户籍制度改革的意见》，提出统一城乡户口登记制度，全面实施居住证制度，稳步推进义务教育、就业服务、基本养老、基本医疗卫生、住房保障等城镇基本公共服务覆盖全部常住人口。到2020年，基本建立以人为本、科学高效、规范有序的新型户籍制度。同时，社会保障制度得到较快发展，"十三五"规划纲要明确提出完善社会保险体系，实施全民参保计划，基本实现法定人员全覆盖，建立更加便捷的社会保险转移接续机制。这些社会架构性制度为省级以下环保机构的垂直管理，系统内人员的合理流动提供了必要的条件。

2.2.7　我国社会心理的支持

我国有着世界上最悠久的中央集权传统，在传统文化中，地方政府的形象远逊于中央政府，经久不衰的"御史"戏充分反映中央政府更能得到民众的信任。千百年来，御史情节一直根植于我国社会。社会上的一些上访现象正反映了民众对基层政府的不满和对上级政府的期待。在环境保护领域，多年来也有大量问题爆发，被群众认为这是因为地方政府不能很好地执行中央的好政策所导致的。因此，通过部门垂直管理将权力集中上收，符合当前的社会心理期待，能够得到大多数群众的理解和支持。

2.2.8 我国行政法律的支持

单一制的国家结构形式保证了可以在法律框架内较少障碍地推行垂直管理改革。我国实行单一制的国家结构形式,各地方行政区域政府必须在中央政府的统一领导下行使其职权,中央人民政府对各级地方国家机关负有直接领导的责任。单一制的国家结构下,在法律框架内,中央有足够的法律空间推行垂直管理改革。事实上,无论成效如何,从 1995 年税务部门实行垂直管理开始,工商、质检、银监等部门均较快实现了垂直化管理。因此,环保机构的垂直管理改革在法律上也具有可行性。

2.3 我国环境监测事权调整的可行性

2.3.1 环境监测市场的政策支持

2015 年 2 月,环境保护部发布了《关于推进环境监测服务社会化的指导意见》,提出全面放开服务性监测市场,有序放开公益性、监督性监测领域,积极培育生态环境监测市场。《生态环境监测网络建设方案》提出,要开放服务性监测市场,鼓励社会环境监测机构参与排污单位污染源自行监测、污染源自动监测设施运行维护、生态环境损害评估监测、环境影响评价现状监测、清洁生产审核、企事业单位自主调查等环境监测活动,在基础公益性监测领域积极推进政府购买服务,包括环境质量自动监测站运行维护等。这些为环境监测事权在政府、企业、社会之间的调整提供了政策支持。

2.3.2 环境监测市场的社会支持

我国环境监测市场已经基本形成,2013 年,全国从事环境监测业务的企业共有约 200 家,其中,约有 120 家企业生产废气在线监测系统,约有 80 家企业生产废水在线监测系统。根据中国环境监测总站的数据,2013 年全国环境监测产业规模159亿元，运营维护市场约占环境监测市场的10%。江苏省在2012年启动试点之前，省内市场已自发形成约30余家社会化环境监测机构。试点一年后，社会监测机构由原先的30多家猛增至90多家。此外，大量高校及科研院所也具有较强的监测能力，从事医药检测、建筑检测、自来水检测等单一行业的检测机构也可以购置一些常用的采样设备，通过实验室扩项即可进入环境检测市场。环境监测市场的形成，为环境监测事权在政府、企业、社会之间的调整提供了基础条件。

2.3.3 环境监测人才储备的人力支持

经过多年环境教育事业的发展，我国已经形成了大量的环境监测人才储备。根据《中国大学及学科专业评价报告》(2015—2016)的统计分析，我国开设环境科学与工程类专业的高校达394所，其中五星级21所，四星级59所，三星级118所，二星级158所，一星级38所。根据《中国教育年鉴(2013)》，2012年全国普通专科环保、气象与安全类专业在校人数达45 583人，全国中等职业学校资源环境类专业在校人数达108 265人。此外，长期以来，我国各级科研院所中也培养了大量具有较高监测技能的专业技术人员。充分的环境监测人才储备，为我国环境监测事权的调整提供了人力资源条件。

第三章
国内外垂直管理的经验与教训

3.1 国外环境管理的经验

3.1.1 国外环境管理的一般经验

1. 对资源环境实施统一管理成为趋势

经济发展是人类开发使用自然资源的结果，环境污染则是由于自然资源利用不合理造成的。因此，把资源和环境的管理职能集中起来，实现统一管理，既可以减少管理机构，也能提高管理效率。例如，澳大利亚环境部下设自然遗产司，职责是自然保护，包括国家公园、土地及水资源的可持续利用等。一些国家在环境部下设资源能源局，增强了环保部门的整体协调能力。例如，瑞典在环境部下设13个局，包括环保局、国家林业局、国家房屋建设规划局、国家能源管理局、土地调查局、化学品检验委员会、核电管理局等。丹麦环境与能源部下设4个局，即环保局、能源局、格陵兰矿产资源管理局、国家林业与自然局，还有3个独立的委员会与环境与能源部对口联系。

2. 设置跨区域的环境管理机构和协调机构

流域水污染、酸雨污染、海洋环境污染、生物多样性等环境问题都不受行政辖区限制，具有跨界污染的特点。因此，设置相应的跨区机构或流域环境管理机构，有利于区域环境问题的协调和解决。许多国家设置了跨区环境管理机构，作为环境管理主管部门的派出机构或直属机构，人员编制属于环境管理主管部门。美国联邦环保局将全美50个州划分为10个大区进行管理，是最典型的分区管理模式。韩国环境部也设置了汉江流域环境管理办公室和区域环境管理办公室，后者还下设了亚区环境管理办公室。

协调机构方面，美国在总统办公室下设国家环境质量委员会。它是总统的环境政策顾问，也是制定环境政策的主体，其职责包括：为总统提供环境政策方面的咨询；协调各行政部门有关环境方面的活动。

3. 环境保护机构的规格逐步提高

随着环境保护问题日益突出，许多国家都在机构改革中加强了环境保护的力量，包括升格国家环境保护的主管机构和扩大人员编制。以日本为例，1970年7月，日本成立了由首相直接领导的公害防治总部，具体治理任务由产业、厚生、建设、交通等几个省、厅去做。1971年7月，日本环境厅正式成立，其职能不仅是防治公害，还包括自然环境保护。2001年1月，日本环境厅正式升格为环境省，负责人是环境大臣。

4. 提高执法能力建设，强化环境执法

在发达国家，美、日、欧盟成员国等国家已基本形成了比较完备的环境法律体系，制定新的环境法规的立法工作明显减少，在立法上主要是对已经制定的环境法规进行修改和补充，其工作重点放在提高执法能力建设和强化环境执法方面。出于生态环境违法事件的调查和执法需要，一些国家先后组建了环境警察队伍。1996年，俄罗斯内政部与莫斯科市政府组建了"生态警察"队伍，命名为"莫斯科预防环境违法警察管理局"。美国在联邦调查局下成立了一个专门的侦破环境污染犯罪的联邦环保探员队伍，同时一些州如纽约州、马萨诸塞州等也设立了环境警察。德国在内政部设置环境司，设立了环境警察队伍。法国则在内政部下设打击环境违法行为中心局。奥地利也设立了"维也纳生态警察局"。此外，巴西、秘鲁等国也建立了环境警察制度。

3.1.2 国外环境管理中纵横向关系的设置经验

1. 美国:设置区域派出机构,加强环保职能

美国环保局的总部设在首都华盛顿特区,并在10个大区有派出机构,以加强对地方环境保护的监督管理。美国国会在制订与环保有关的法律时,明确了联邦环保局与各州之间的权责关系。如《资源保护回收法》规定,各州的有害废物管理计划要经美国环保局审批,每个州有权使用本州法规管理自己的有害废物。除方法和标准外,每个州有足够的执法能力。此外,环保局还在各州环境执法中起到监督的作用。

2. 德国:权责体系完善,运行机制灵活

德国在联邦、州和地方三个层次依据法律规定的不同权责体系设定了相应的组织机构。德国对联邦与地方环境管理权限职责划分的基本依据是环境因子的外部性程度。环境因子的外部性越大,环境行政管理机构级别越高,反之亦然。例如,外部性程度较大的大气质量由较高行政级别的联邦环境管理机构负责,而外部性程度较小的噪声则由地方环境行政管理机构具体负责。

(1) 权责体系

德国的宪法、法律及其他规章对环境保护权责做出明确规定:环境行政管理权责体系分三级——联邦、州、地方(市、县、镇)。联邦政府环境管理的主要职能是一般环境政策的制订、核安全政策的制订与实施,以及跨界纠纷的处理。州政府环境管理的主要职能是环境政策的实施,部分环境政策的制订以及对各区环境行为的监督等。联邦在环境政策制订及立法方面有领导或统帅作用,州在环境执法方面负主要责任。在联邦或州的规章框架下,地方对解决当地环境问题有一定自治权,同时,地方也接受州政府直接委派的一些任务。

(2) 运行机制

政策制定机制。基本法明晰了联邦和州的立法权责。在自然保护、景观管理和水资源管理领域,联邦只有发布框架法的权力,而具体政策由州政府制订。在废物管理、大气质量控制、防治噪声污染、核能等领域,联邦可以发布超越州法规的所谓"竞争"性法规,当州政府立法与联邦立法相冲突时以联邦立法为准。

执行机制。德国在执行机制方面的基本特征是联邦掌握宏观控制,州和地

方灵活实施。按照基本法的规定，州政府可按照其自己的权责实施联邦的法律、法令和行政规章。在有些领域，如核安全和辐射保护法方面，州政府受联邦的监督，州可以代表联邦执行联邦法律；对化学品、废物越境转移、基因工程或排放贸易等，则部分或完全由联邦管理。

协调机制。德国的环境管理协调机制包括两方面，即横向的各部门间的国家可持续发展部长委员会协调机制，以及纵向的联邦与州及州与州之间的环境部长联席会协调机制。德联邦政府于 2000 年成立了国家可持续发展部长委员会，其成员由来自环境部门和其他与环境相关部门的代表组成，联邦总理为该委员会主席，其任务是制定可持续发展战略。由联邦、州的环境部长及联邦、州参议员组成的环境部长联席会每年定期举行两次联席会议，在不同的州轮流举行。根据“共同部级程序规则”，联邦部委在起草相关文件之前必须咨询相关州，州的利益和要求应该尽可能地在法规草案中得到反映，法规草案也要交由相关州阅览。

3.2　国内前期环境管理部门垂直管理的经验与教训

3.2.1　前期环保行政管理部门垂直管理与事权划分的经验与教训

前期地方环境管理部门垂直管理的经验主要来自以陕西省为代表的环境垂直管理试点，该省试点开展了市以下环境的垂直管理。此外，江苏省也曾试点开展过市以下环境管理的垂直管理。

1. 陕西省市以下的环保垂直管理

陕西省自 2002 年起推行了市以下环保垂直管理试点，取得了一些经验。

在机构设置和管理方面：一是“各县(市)环境保护局为市环境保护局直属机构，在市环境保护局的领导下，负责本行政辖区的环境监督管理和行政执法工作，其机构规格与县级政府组成部门相同”。二是“杨凌农业高新技术产业示范区和杨陵区环境保护机构设置，由杨凌农业高新技术产业示范区管理委员会研究提出意见后报审”。三是“市辖区环境保护机构，可作为市环境保护局派出机构，具体设置方式根据辖区多少和环保工作任务大小，由各市具体确定”。四是“市、县（区、市）环境监理、监测、科研、信息、宣教等事业机构，在县级环境保护行政管理体制调整后，按照有关规定和‘统一规划、合格布局’的原则调整设置”。

在人员编制管理方面：一是“市以下环境保护机构实行垂直管理后，机构编制的管理权限上收到市一级。市、县（区、市）环境保护部门及其所属事业机构的编制、领导职数，由市机构编制管理部门征求市环境保护局意见后，统一核定和管理”。二是“县级环保机构改革与县级机构改革同步进行，现有行政编制按照县级机构改革确定的编制精简比例精简，人员编制核定以不低于同级执法部门编制数确定。对原未设立环保局和将环保局设立为事业局的县（市、区），其变更后所需行政编制，由各市在本市行政编制总数内统筹考虑”。三是“市以下环境保护行政管理体制调整后，市环境保护局职能、内设机构、人员编制相应调整和加强”。

在干部管理方面：“市以下环境保护机构的干部管理，实行市、县双重管理并以市环保局为主的管理体制”。

在财务、经费和资产管理方面：“市以下环境保护机构实行垂直管理后，财务经费由市环境保护局按照收支两条线原则，实行统一管理。市、县（区、市）环境保护部门及其所属单位的各类经费，要按照《国务院办公厅转发财政部关于深化收支两条线改革进一步加强财政管理意见的通知》（国办发〔2001〕93 号）、国家财政部和国家环保总局《关于加强排污费征收使用管理的通知》（财建〔2000〕438 号）要求，以 2001 年度实际支出数为基数，实行部门预算，统一纳入市级财政预算，由市财政予以保障。原列入县（区、市）的财政经费，以 2001 年度实际支出数为基数上划市财政。县（区、市）级排污费、罚没收入和行政收费按照收支两条线原则直接上缴市财政，作为预算专项资金，由市环境保护局会同市财政局实行统一管理；市级征缴的排污费、罚没收入、行政收费按现行管理体制执行”。

2. 江苏省市以下的环保垂直管理

(1) 试点城市市以下环保垂直管理

从 2003 年起，江苏省在徐州市、镇江市等城市实施了环保机构垂直管理试点工作。2003 年 12 月将徐州市鼓楼区、云龙区、泉山区、九里区及经济开发区 5 个区的环保局以及所属事业单位整建制上划给徐州市环保局。5 个区环保局更名为环保分局，均作为市环保局派出机构。原各区环保局与区财政脱钩，征收的排污费直接上交市环保局，由市局统一解缴市财政，5 个分局人员经费统一纳入市财政列支。各分局积极协助区政府抓好环保工作，年终接受全面考核。镇江市在经过若干年试点后则重新回归属地管理，根据镇江市机构编制委员会印发的《关于调整京口区、润州区、镇江新区环保管理体制的通知》（镇编发〔2012〕35 号），再次设立镇江市京口区环境保护局，明确为区政府工作部门。

（2）江苏省省直管县（市）的环境管理体制

根据江苏省委办公厅、省政府办公厅《关于进一步扩大县（市）经济管理权限的通知》（苏办发〔2008〕17 号）要求，江苏省环保厅以苏环办〔2008〕38 号文下发《关于进一步扩大县（市）环境管理权限的通知》，逐步建立省直管县（市）的环境管理体制。《关于进一步扩大县（市）环境管理权限的通知》提出，国家下达的主要污染物总量减排约束性指标直接下达到县（市），新建项目的主要污染物总量核准及平衡原则上在县（市）域范围内统筹解决；省级节能减排（控制污染排放）专项引导资金和省级环境保护引导资金等由各县（市）提出申请，省直接安排下达到县（市）；县（市）创建国家生态市、环保模范城市等工作，由县（市）直接提出申请，省厅按国家规定和程序，统一向国家环保部推荐；自然保护区和重要生态功能区的新建、调整和撤销，由县（市）人民政府直接向省提出申请，按有关规定和程序办理；涉及跨县（市）的，由共同的上级行政主管部门提出申请；环境统计、排污申报登记和许可证管理、污染防治项目实施等环保重点工作直接安排下达到县（市）。与此同时，调整环境管理审批权限：下放部分报告表、登记表类建设项目环评文件审批权限。除《关于加强建设项目环境影响评价分级审批的通知》（环发〔2004〕164 号）规定的化工等 11 类污染严重的项目外，其他由省环保部门审批的环境影响报告表、登记表类项目，下放至县（市）环保部门审批。取消省辖市环评文件预审环节。同步调整有关建设项目“三同时”验收权限等。

3. 市以下垂直管理的经验

（1）市、县两级环保机构和人员编制得到有效加强，为环境监管提供了组织保证。一是县级环保行政机构得到了有效加强。以陕西省为例，就环保局的设置情况来看，市以下环保行政管理体制改革前，全省 107 个县区中独立设置环保局的有 94 个，未独立设立环保局的有 13 个（为城乡建设环保局）；机构改革后，107 个县（区）全部设立了独立的环保局。就环保局的性质来看，体制改革前，已设立独立环保局的 94 个县（区）环保局属行政局的仅 48 个，属事业局的占 46

个;体制改革后,107 个县区不仅均设立了独立的环保局,而且均为行政性质(行政局)。就环保局的编制情况来看,体制改革前,全省 107 个县区局仅有行政编制 522 名,而事业编制占到 231 名;体制改革后,107 个县区局按照各市实施意见均改变为行政编制,行政编制较之前增加了 281 名。二是县级环境监察和监测机构得到了有效加强。以陕西省为例,体制改革前,全省县级环境监察机构共 107 个,其中科级 80 个,股级 27 个;体制改革后,原为股级建制的 2 个市将共 17 个县级环境监理(察)机构升格为副科或正科级建制,并更名为环境监察大队。体制改革前,县级环境监测机构共 54 个;体制改革后,共 31 个县级环境监测机构升格为科级建制。三是市级环保局机关内设机构、人员编制及其事业机构得到了相应加强。以陕西省为例,一些环保局在改革后内设机构和人员编制相应增加。同时相应建立健全了环境宣传教育、环境信息、环保产业管理等机构。在行政编制上,平均增加行政编制 4 名。

(2) 环境监管能力明显增强,执法力度明显加大。在实行市以下环保系统垂直管理后,主要体现在两方面:一是环保部门"三统一"的职能和环境执法监管的权威性、统一性得到加强,环境执法力度明显加大。实行垂直管理体制后,便于统一调度执法力量,统一执法,尤其是县级环保局班子打消了顾虑,敢抓敢管,严格执法,集中解决了一批热点难点问题。二是强化了环境管理手段,提高了工作效率。项目漏报漏批问题得到了较好的解决,环保前置审批也得到了有效落实,建设项目环境影响评价与"三同时"的监督管理和跟踪检查力度明显加大。同时加大了对全市环保工作统一规划和执法监管的落实力度,确保了环保系统上下之间的政令畅通,工作效率得到明显提高。

(3) 财务管理体制得到基本理顺,为确保环保部门经费和集中财力治理区域流域污染问题提供了资金保障。首先理顺了财务管理体制,排污费收支两条线政策得到有效贯彻执行。实行垂直管理体制后,将县级排污费、行政收费、罚没收入的收缴使用权直接上报到市环保和财政部门,并严格执行收支两条线管理,将其纳入市级财政预算并作为环保专项资金,确保了集中有限的财力来解决区域、流域环境问题。其次,实行垂直管理后,财务经费实行部门预算,环保部门的经费基本得到保障,乱吃乱支排污费的现象得到了有效克服。

(4) 机构得到相对精简,队伍得到有效整合。一是实行垂直管理后,相对减少了县级机构的设置,有效遏制了基层环保机构设置混乱和乱批乱进人的问题。

二是实行垂直管理体制后，县级环保队伍得到了清理整顿，不同程度地清理了一批不符合条件的人，使环保队伍得到有效整合。三是实行垂直管理体制后，人员统一上划到市环保局，有利于工作人员在全市范围的调配流动，有效提高了环保队伍的整体素质。

4. 市以下垂直管理的教训

(1) 在市以下垂直管理中，市县之间的组织距离仍过近，市县环保部门仍无力避免县级党委政府的干预。

(2) 市级层面在相当程度上仍难以统筹协调区域流域环境管理。

(3) 市级本身仍存在巨大的发展冲动，一些地区仍在积极招商，在自身经济发展与环境保护之间存在选择困境，难以独立开展环境监管。

(4) 在事权方面，市县两级之间尚缺乏清晰的制度化事权划分。

(5) 在人事方面，市县两级之间缺乏明确的制度安排。导致优秀专业人员更多地向市环保局流动，使得县环保局专业人员不足现象更为凸显。

(6) 在资金方面，市级财政仍存在困难，市级在经费统筹中也缺乏明确的制度安排。

3.2.2　前期环境监测部门垂直管理与事权划分的经验与教训

3.2.2.1　前期省以下环保部门环境监测垂直管理事权划分的经验与教训

前期省以下环保部门环境监测垂直管理主要是市—县区环保局垂直管理之下，县区环境监测机构的垂直管理，由于监测站在现有体制下仍由同级环保局领导，因此在事权划分上的改革并不显著。本研究以 2002 年开始全面实行环保管理市管县体制改革的陕西省为例，开展相关经验与教训的研究。

1. 陕西省环境监测垂直建设的基本情况

(1) 职能安排

① 市级环境监测处(科)职能

以咸阳市环保局环境监测科职能为例，该科负责组织开展环境监测工作，调查评估全市环境质量状况并进行预测预警；负责全市环境监测工作规划、计划以及有关技术性政策的制定和实施；监督各类环境质量标准和污染排放标准的执行；负责全市监测数据及污染源在线监测数据有效性审核和环境质量信息发布；负责全市突发环境事件的应急监测处理；负责全市环境监测计量认证以及监测人员业务培训、考核和执政上岗工作；负责对市、县环境监测站的监督管理和业务指导工作；负责全市环境监测网络的建设和管理；贯彻实施环境保护技术、产业政策和标准；组织协调环境保护科学研究和技术引进；组织环境保护科技攻关和技术示范工程；管理环境保护科技成果，承担环境保护技术引进、设备质量监督认定和环境标志管理工作；承担环境保护的国内合作与交流；完成市局分配的其他工作。

② 市级环境监测站职能

以咸阳市环境监测站为例，其职能包括担负全市环境要素的常规监测任务，对全市环境质量例行监测数据进行综合统计分析，并承担污染源监督性监测；新、扩、改建项目竣工验收的监测，生物、降水、土壤监测；参与环境污染事故应急监测调查，并承担环境污染案件的仲裁监测；负责全市的环境影响评价和清洁生产的审核工作；负责全市范围内环境监测质量保证管理工作，建立质量控制技术体系；和电视台、气象台联合发布环境空气质量日报和预报；对全市三级环境监测站进行技术指导和业务培训。

③ 县级环境监测站职能

以西安市户县环境监测站为例，其主要工作职责包括对辖区内各种环境要素的质量状况按照国家统一规定，制定监测计划和进行经常性的监测，定期向上级站报送监测数据，编报本辖区环境质量报告书。搞好监测服务性收费工作，做好基层监测人员培训、监测网络建设工作。建立大气、水、噪声污染源档案，为环境管理及仲裁环境污染纠纷提供依据，组织检查所属单位遵守环境法规和大气、水、噪声标准的情况。对辖区内大气环境质量进行经常性监测，定期进行大气污染源监测、锅炉烟尘监测，向局和上级主管部门报送监测数据，编制大气环境质量报告书。对辖区地表水污染源定期进行水质监测，按照市站要求，地表水按期采样送样。建立水污染源档案，编制水环境质量报告书。负责对辖区环境噪声的监测，包括工业企业噪声、建筑施工噪声，建立噪声污染源档案，为环境管理及仲裁环境污染纠纷提供噪声依据，组织检查所属单位遵守环境法规和噪声标准的情况。负责全站人员政治理论学习和业务知识培训工作，负责人员工资、职称申报工作及卫生、计划生育、车辆管理等工作，以及完成局安排的各项临时性工作任务。

（2）环境监测能力投入情况

根据西安市环境保护局网站公布的《西安市环境保护局2016年度部门预算及“三公”经费预算报表》，进一步对市县环境监测经费进行分析。结果表明，市级统筹加强了对县级监测人员工资的保障，加大了对委托监测成本性支出的保障，对县级的监测经费保障主要用于人员成本。

（3）环境监测能力情况

2013年陕西省、地市和县三级环境监测机构人数见表3-1。该省省级环境监测机构人数较全国平均的67人高；与西北其他省（自治区）相比，该省比甘肃略低，高于其他省（自治区）。地市级环境监测机构人数方面，该省较全国平均的46人也要高；与西北其他省（自治区）相比，显著高于其他省（自治区）。在县级环境监测机构人数方面，该省平均为11人，较全国平均的16人低；与西北其他省（自治区）相比，高于甘肃、新疆，低于青海、宁夏，居于中位。

表3-1 省、地市、县级环境监测机构人数统计表

地区名称	省级机构平均人数	地市机构平均人数	县级机构平均人数
总 计	67	46	16
江 苏	84	76	25
浙 江	65	57	20
四 川	110	43	12
陕 西	82	62	11
甘 肃	84	31	8
青 海	42	13	13
宁 夏	62	25	14
新 疆	52	37	7

2. 陕西省环境监测垂直建设的经验

（1）垂直管理形成了市县环境监测机构之间的协作机制，提高了环境监测的整体效率。

（2）市级财政相对地保障了县级环境监测能力建设所需的经费，从而改善了县级环境监测能力。

(3) 市级环境监测机构通过积极培训，在一定程度上提高了县级环境监测人员的监测检验技能。

3. 陕西省环境监测垂直建设的教训

(1) 还缺乏明确的事权划分，使得在监测工作中未能更专门地开展分工。

(2) 由于在人事方面缺乏明确的制度安排，导致环境监测技术人员，尤其是专业技术水平较高的技术人员向市监测站集中，使得县级环境监测技术人员不足现象更为凸显。

3.2.2.2 前期国家环境监测网络垂直建设与管理事权划分的经验与教训

前期环境监测垂直管理的事权划分改革经验更多来自国家环境监测网络的垂直建设与管理。全国近岸海域环境监测网及国家地表水自动监测站都有垂直建设与管理的经验，本研究主要分析国家地表水自动监测站的垂直建设与管理经验。

国家地表水自动监测站的业务管理工作由中国环境监测总站（以下简称总站）负责，日常运行维护工作由地方环境监测站（以下简称托管站）负责，水站的故障维修和风险保障委托社会专业服务机构负责。各有关省、自治区、直辖市环境监测中心(站)负责协助总站对辖区内的水站进行监督管理。

水站的运行维护原则上由地市级环境监测站承担。采取自愿托管的原则，由总站委托，按年度签署委托协议。

根据管理需要，环境监测总站出台了《国家地表水自动监测站运行管理办法》(以下简称《管理办法》)，对管理体制、运行和质量管理、数据管理与周报上报、运行经费的使用与管理、资产管理、考核与奖惩等做出明确规定。

在运行和质量管理方面，《管理办法》规定，托管站要设立水站的运行管理部门，明确专职人员，建立水站运行管理规章制度。每个水站配备的技术人员必须具有环境监测和相关专业知识，必须参加总站组织的技术培训。总站根据《国家地表水质自动监测站技术人员持证上岗考核制度》对水站技术人员进行业务考核，通过后持证上岗。水站运行维护技术人员如有变动，须通知总站，并提供替代人员资料，以便安排培训考核工作。托管站对上报数据的质量负责。如果在线监测仪器运行出现故障或监测数据质量不符合要求，应由实验室分析数据。总站、省(自治区、直辖市)站将实施现场质量管理检查与现场质控考核，定期或不定期发放密码质控样以进行考核。

在运行经费的使用与管理方面,《管理办法》规定,水站运行经费来源于国家财政。由国家财政保证国家水质自动监测系统正常运行所必需的专项业务工作费用,并由总站根据与托管站签订的委托运行管理协议书,按年度下拨至各托管站。运行费实行“专款专用、超支不补”的原则。水站运行费不得挪作他用。运行经费实行年度决算制度,每年年底之前,托管站根据经费实际使用情况上报年度决算,总站将不定期派人检查经费使用情况。运行经费根据水站实际运行时间按比例支付,在下一年度预算中调整。

在资产管理方面,《管理办法》规定,水站的资产由总站负责按国有资产有关规定统一管理,并进行固定资产建账,托管站作为水站的管理和使用单位按总站要求管理使用,总站可根据实际情况调配水站仪器设备。托管站必须遵守总局、总站有关水站的管理规定,做好水站的运行管理工作。托管站负有水站资产的保护职责。凡是由于保管或使用不当造成的资产损失,由托管站负责赔偿。

《管理办法》还对考核与奖惩做出了规定。总站负责按年度对水站的运行管理进行量化考核,根据托管站对有关管理规定的执行情况、水站的运行情况、周报上报情况、质量管理情况及经费管理与使用情况进行评分考核。对无正当理由长期停止水站运行,擅自更改原始数据等行为,总站将采取通报批评、暂停运行费用、申请撤销水站等措施。

3.2.3　前期环境监察部门垂直管理与事权划分的经验与教训

前期中央环保垂直管理的经验主要是建立开展了六大区域督查。地方环境监察垂直管理的经验主要是两个,一是陕西省市以下环境管理的垂直管理的经验,二是江苏省省级三大区域督查和市以下环境管理垂直管理试点的经验。

3.2.3.1　区域督查半垂直管理的经验与教训

在两级政府间设立跨区域的督查中心是我国国家级环保机构自身垂直管理改革的做法,在江苏省也采取了类似的做法,它与美国环保署的大区管理办公室相类似。

1. 区域督查半垂直管理的经验

在江苏"省管县"体制改革的推进过程中，为加强区域环境监管能力，提高监管效能，经江苏省委省政府批准，于2009年在全国率先全面组建了省环保厅苏南、苏中、苏北三个环境保护督查中心。江苏区域环保督查中心在实践中坚持督政、监管、协调于一体，工作体系逐步完善，工作成效逐步显现，为环保督查工作积累了初步经验。

(1) 主动创新开展环保督政探索。江苏区域环保督查中心主要通过三个方面开展环保督政探索：一是全面开展秸秆禁烧禁抛的事前、事中督政工作和突出环境问题、重要环境信访的督政工作；二是以污染源突击暗查为手段，进一步加大环保督政力度；三是与纪委监察部门联合进行督政，探索出了一套环保重点工作督查与纪检监察巡查相结合的督查督办制度。

(2) 全力维护江苏地区环境安全。由于环境安全是保障民生、维护社会和谐稳定的重要因素，江苏区域环保督查中心一直把保障环境安全作为工作的重中之重，三年来成功参与处置了多起区域内环境应急污染事件，组织力量对辖区内县级以上集中式饮用水源地及部分乡镇饮用水源地的环境安全保障工作进行了三次专项督查，突击检查了长江、太湖、洪泽湖、京杭大运河、通榆河沿线及沿海地区重点排污单位，确保了饮用水源地的水环境安全。

(3) 积极实施区域环境保护协调。江苏水系复杂，流域交错，交界区域时常发生水污染纠纷。针对这一状况，江苏区域环保督查中心自成立之日起就加强调查研究，主动了解辖区内跨界污染重点、难点问题，对污染联合防治工作强化事前督查，及早介入，提前调度，沟通协调，促成联合防污治污共识，努力使辖区内不出或少出环境安全问题。苏中环保督查中心前后协调了泰州兴化、姜堰市与盐城东台市三市边界区域水污染纠纷，盐城市与泰州市部分河流铁锰含量偏高，泰州靖江市与南通如皋市边界水污染纠纷等10多件跨省辖市域的环境保护问题，并在协调中达成"定期联席会商、信息互通共享、联合采样监测、联合执法监督、敏感时期预警、协同应急处置、协调处理纠纷、开展后督查工作"的工作办法。

2. 区域督查半垂直管理的教训

(1) 机构权限不足影响监察效率

由于机构本身属参公管理事业单位，相应的职权有限，在参与环境监察工作时常陷于困境。

(2) 缺乏配套上下级协作制度影响监察效率

由于尚未配套相应的运行机制，因此一些环境信息只是在法定的上下两级环境保护机构之间流动，未能流转到区域督察中心，导致难以有效开展环境督察和协调工作。

(3) 缺乏配套资金人力支持影响监察效率

由于缺乏相应的资金、人力等配套，使得区域督察中心的督察和协调工作举步维艰，没有足够的人力、物力开展监察工作。

3.2.3.2 市以下垂直管理的经验与教训

陕西省自2002年起推行了市以下环保垂直管理，取得了市以下环境监察的垂直管理经验。江苏省也在部分市试点开展过市以下环境监察工作。

1. 市以下垂直管理的经验

(1) 市县垂直管理形成监察机构之间的协作机制，提高了环境监察效率。

(2) 市级财政相对地保障了县级监察能力建设所需经费，从而改善了县级环境监察能力。

(3) 市级环境监察机构通过积极培训，在一定程度上提高了县级监察执法人员监察执法技能。

2. 市以下垂直管理的教训

(1) 在市以下垂直管理中，市县之间的组织距离仍过近，市县环境监察部门在环境执法过程中仍无法避免县级党委政府的干预。

(2) 市级层面仍难以统筹协调区域流域环境监察管理。

(3) 市级本身仍存在巨大的发展冲动，一些地区仍在积极招商，在自身经济发展与环境保护之间存在选择困境，难以严格开展环境监察执法。

(4) 在事权方面，市县两级之间缺乏清晰的制度化事权划分。

(5) 在人事方面，市县两级之间缺乏明确的制度安排。导致优秀环境监察专业人员更多地向市级环境监察机构流动，使得县级环境监察专业人员不足现象更为凸显。

(6) 在资金方面，市级财政仍存在困难，市级在经费统筹中也缺乏明确的制度安排。

3.3 其他部门垂直管理的经验与教训

我国有多部门具有开展垂直管理工作的经验，其中海关、税务、国土等部门仍在实行垂直管理制度，工商、质监、食药监等相关部门则在实行过垂直管理后又恢复原有管理体制。因此，本研究分别以国土部门和质监部门为例分析垂直管理事权划分的经验与教训。

3.3.1 国土部门垂直管理与事权划分的经验与教训

2004 年，中央决定对省以下国土资源管理部门实行垂直管理。对地级市、县(市)国土资源主管部门的领导干部实行双重管理，改变原来的以地方管理为主的体制；省、市、县分别设立国土资源执法监察机构(省总队、市大队、县队)，隶属于同级国土资源管理部门管理，业务上由上级国土资源执法监察机构统一领导。市辖区国土资源主管部门机构编制上收到市人民政府并接受其管理，改为国土资源分局，作为市国土资源主管部门的派出机构，区内的国土资源管理所作为区国土资源分局的分支机构；乡(镇)国土资源管理所机构编制上收到县人民政府管理，作为县国土资源主管部门的派出机构；各类开发区、管理区等非行政区设立的国土资源管理机构，除国家级、省级开发区设立的，并经机构编制主管部门批准的可以保留外，其余一律撤销。

1. 国土部门垂直管理与事权划分的经验

(1) 实施综合配套的改革

国土资源部门的省以下垂直管理不仅仅体现为机构的垂直，它涉及干部管理体制、行政管理体制、土地利用总体规划编制和审批管理体制、执法监察等的综合配套改革。在干部管理体制改革方面，国土资源主管部门领导干部由过去的以地方党委管理为主、国土资源业务主管部门为辅的模式，改为以上一级国土资源业务主管部门党组管理为主、地方党委协助管理的模式，即市级国土资源局局长由上一级国土资源主管部门党组事先征求地方党委意见后任免。在事权方面，进一步上收原来由各市政府直接审批的乡镇土地利用总体规划的管理权。

省、市、县分别设立国土资源执法监察机构（省总队、市大队、县队），隶属于同级国土资源管理部门管理，业务上由上级国土资源执法监察机构统一领导，提升监察执法的权威性和专业性。为进一步加强对省一级土地管理权的监督和制约，2006年国家土地督察局正式建立。国家土地督察机构是经国务院授权对省级及计划单列市人民政府的土地利用和管理情况进行监督检查的机构。国土资源部通过设立国家土地总督察来行使监督检查权。派驻地方的九个国家土地督察局是代表国家土地总督察行使监督检查权的法定机构。土地督察权共包括调查权、审核权、纠正权和建议权四种形式的权力。国家督察与省以下国土资源管理部门垂直管理共同形成系统的国家—省—市—县—乡镇五级土地监管体制。

(2) 有效提高宏观调控能力

首先，通过垂直管理，提升了基层国土资源部门的能力建设，使其监管能力得到了显著增强。其次，国土资源管理权的集中上收增强了国家对社会的宏观调控能力。通过垂直管理改革，对国土资源集中统一管理，加强对地方国土资源进行有效管理和监督，通过对包括土地、矿产等关系到社会经济资源配置和人民群众基本生存的国土资源的有效监管，有力地增强了中央和省级政府的宏观调控能力。

(3) 有效遏制了土地违法事件

国家督察与省以下国土资源管理部门垂直管理制度的实施有效遏制了土地违法事件。吕晓等利用2002—2009年的省级面板数据，分析了土地督察对土地违法的影响。研究结果认为，土地督察对减少土地违法有显著影响，土地例行督察覆盖度每提高1%，可以减少土地违法案件92件，可以使土地违法涉案面积减少约2.18%；由于实行了土地例行督察和专项督察，可以使2007—2009年的土地违法案件分别少发生84件、3 473件和12 500件，土地违法涉案面积分别少发生2 314.13公顷、1 919.75公顷和3 046.57公顷。

2. 国土部门垂直管理与事权划分教训

省以下国土资源管理部门垂直管理制度在取得上述成绩的同时，也仍存在不少问题，引发社会对其垂直管理的质疑。

(1) 人事体制改革不到位

目前，省以下国土资源管理部门垂直管理在人事编制管理体制方面被认为

“垂而不直”，垂改后的国土资源部门“条条管了帽子，块块管了票子；条条管了领导，块块管了干部”。市局领导班子成员的档案和任免调动权限归省厅，但党组织关系由地方管理；班子成员以外的干部职工的档案、任免调动以及机构设置、人员编制等则仍归地方政府管理。事实上形成了两个“婆婆”的双层管理模式，导致遇到问题时常常出现“踢皮球”现象。财政及工资福利待遇同样也“垂而不直”。垂直管理后市、县局的所有经费开支仍列入当地财政预算，干部职工工资福利仍由当地政府管理。由于县级财政收入单一、财力不足，对基层国土资源管理工作造成严重影响，一些西部地区县级国土局常常无力解决开展土地规划、矿产资源规划、土地现状更新调查等工作所需的经费。人事体制改革突出的“垂而不直”问题直接导致地方国土部门独立性严重不足。

(2) 工作机制改革不到位

实行垂直管理后，市级国土局的工作从制度设计上以服从省厅的安排为主导。但在实际管理过程中，地方政府的管理模式并未改变，仍须面对地方政府的各类考核、检查及汇报，仍须直接开展地方政府安排的各项工作。导致市局在工作中不得不两头兼顾，甚至出现无所适从的局面。这使得市县国土机构实际并不够独立，导致国土部门效率不高，独立监管成效不足，无法真正实现当初垂直管理改革设计的预期目标，改革成效不足。

(3) 职责缺乏明晰边界

省以下国土资源部门垂直管理涉及地方各级土地管理事权的调整，但是垂管改革未能通过立法将有关调整内容予以明确和细化。这导致地方各级政府和国土管理部门之间在相关职责方面缺乏法定的明晰界线，在实际工作中常常出现非制度性协调，甚至一些地方国土管理的工作权限以领导干部的强势与否来决定。

(4) 干部交流困难

由于实行干部的条线垂直管理，因此市、县两级的国土资源干部横向交流仅局限在本系统内。与过去在地方的交流提升机会相比，一些工作能力突出、年富力强的干部，发展空间明显变窄。系统内部即使因工作需要，新设职位或岗位等工作，也面临人事、编制等方面的较大制约。导致基层国土资源部门出现干部进出难、交流管理难的问题，这不仅对系统干部的工作积极性产生了消极影响，也影响到干部对地方实际情况的了解。

(5) 系统内部监督不足

实行垂直管理体制后,由于人事罢免权不在同级政府,导致省以下各级国土资源主管部门出现监督缺位。首先,地方部门监督缺位。省级以下国土资源管理体制改革后,干部的管理权限发生了变化,地方的部分权限上收到了上级主管部门,使得地方难以对国土管理部门领导实施有效监督。其次,上级部门监督缺位,表现为监督受到地域的限制。对于国土资源利用的准确信息,上下级之间存在信息不对称,下级选择性反映汇报的情况,而由于上下级存在地域的距离,上级不可能对每个项目进行全面了解,这就导致监督失效的发生。监督形式单一,主要依靠群众信访、下级的上报材料以及去下级巡视等途径进行了解,仅仅局限于国土资源管理系统内部。监督缺乏深度,上级管理部门对下级部门的监督仅限于表面的材料,无法对下级管理部门进行有深度的监督。内部监督通常也是制度多,落实少,制约机制不够健全。因此,"上级监督不到,同级监督不力,群众监督不了"的现象依然存在。监督不足导致出现工作不力、贪赃枉法等问题。

3.3.2 质监部门垂直管理与事权划分的经验与教训

按照《国务院批转国家质量技术监督局质量技术监督管理体制改革方案的通知》(国发〔1999〕8号),质监部门实行省以下垂直管理的"半垂直"体制。试图通过建立办事高效、运转协调、行为规范、执法统一的质量技术管理新体制,实现提高产品质量、工程质量和服务质量,维护良好的市场秩序,促进国民经济持续快速健康发展的目标。改革在1999年初开始,要求在1999年7月底前完成,实际上大多数省市是在2000年上半年完成的。体制改革解决了人员编制、经费保障、基本建设三大难题,在打破市场封锁、建立和完善现代市场体系、加强食品安全监管等方面发挥了重要作用。

随着形势的发展变化,2009年食品安全法公布实施,食品药品监管机构由省级以下垂直管理调整为分级管理。质监部门仍实行省级以下垂直管理,已不能适应新形势下市、县政府统一领导本行政区域食品安全监管工作的需要。为进一步落实和强化地方政府食品安全监管责任,严格市场监管,确保食品安全,中央又对质监省级以下垂直管理体制进行了调整。根据《国务院办公厅关于调整省级以下工商质监行政管理体制加强食品安全监管有关问题的通知》(国办发〔2011〕48号)和国家质检总局、中央编办、发展改革委、财政部、人力资源社会保障部联合发布《关于调整省级以下质监行政管理体制的指导意见》(国质检法联〔2014〕175号)的要求,决定将质监部门省以下垂直管理体制调整为分级管理。调整后,市、县质监部门作为同级政府工作部门设置,实行分级管理,业务上接受上级质监部门的指导和监督;市、县质监部门及其所属行政机构的行政编制或行政执法专项编制纳入同级政府编制总额,由同级机构编制部门管理;市县质监部门领导干部实行双重管理,以地方管理为主。

1. 质监部门垂直管理与事权划分的经验

(1) 有力保障了基层质监部门的人、财、物,对基层质监部门建设发挥了积极作用。以河南省为例,垂直改革前全省质监系统行政编制只有1 744人,县级局几乎没有行政编制,不少县局为自收自支事业单位,个别县区根本就没有设立质监行政部门。垂直改革后,全省质监系统核定行政编制5 700多人,全省核定建制局197个,较改革前增加22个,从根本上解决了质量监督部门组建以来编制少、规格低、工作难以开展的问题。同时经费也得到了保障,较好地解决了人员工资福利的问题,执法装备得到了配备。

(2) 相对独立于地方政府,保障了执法的独立性。垂直体制保障了质监行政执法的统一性和权威性,减少了地方保护主义的干扰,从体制上保证执法的公正公平,对建立统一法治的市场秩序做出了积极贡献。

2. 质监部门垂直管理与事权划分的教训

(1) 难以落实地方政府监管责任

质监部门实行省级以下垂直管理体制后,难以落实和强化地方政府食品安全监管责任,无法满足市、县政府统一领导本行政区域食品安全监管工作的需要。

(2) 与地方政府及跨部门协作不畅

质监部门工作本身不能完全独立于地方政府,在促进质量发展方面需要取得地方政府的支持,一些内容也已经列入地方政府的目标考核中。质监部门在履行企业监管、执法打假和技术服务等工作职能时都离不开当地政府的支持,并且很多工作已列入政府的目标任务考核中,当地方政府向质监部门下达任务或需要各部门进行配合时,由于体制因素二者难以协调配合。

(3) 上下职能沟通不畅

质量技术监督部门实行省以下垂直管理的体制后，由于上下职能沟通不畅而带来基层监管中的困难。如申办工业生产许可证、液化气充装许可证等，审批权限在上级质监部门，监管责任在基层质监部门。在实际办证审批过程中，从企业提交申请到实地核查以及证书的发放，都没有基层质监部门参与的程序。部分企业从申报直至取得证书，基层质监部门都毫不知情。这增加了基层质量技术监督部门的监管难度，造成基层质监局的监管缺位。

(4) 基层行政执法力量薄弱

质量技术监督局在体制设置上，各区县质监局就是最基层的单位，并未像工商局那样在乡镇设工商所。人员少、执法力量薄弱一直是困扰基层质监局的难题。近年来，随着经济的快速发展，各类食品生产企业、特种设备制造、使用单位数量逐年成倍增长，而相应的监管人员数量却是数十年未变，现有质监执法编制已远不能满足有效完成监管任务的需求。

(5) 保障部门与一线的距离带来保障不到位与错位并存

质监执法工作是一项高度专业化的行政执法活动，对执法装备等有较高要求。尽管执法部门已能基本保障执法人员的工资、福利及正常办公经费等，但执法装备添置、专项执法行动以及举报奖励等经费落实有一定难度。尤其是在违法分子制假售假方式、手段不断更新，越来越高智能、专业化，执法调查取证难度不断加大的条件下，基层执法部门办案的装备水平已无法适应执法需要。在一些地区，质监稽查分局(或者队)没有单独核算的行政执法经费，为了“自身正常运转工作”，质监部门往往会加强罚款力度，通过经费返还来补充经费，导致执法机构出现乱罚款等违法违纪行为。

(6) 多头执法导致执法混乱

由于从总局到县级局对执法权没有进行科学、合理的划分，都有同样的执法权，即“上下一般粗”，从而导致质监系统内部重复检查问题突出，甚至有上下争利等问题，引起系统内耗。有调查指出，郑州市作为省会城市，存在省局、郑州市局和区分局三级执法机关，各级质监局都设有稽查队，局机关各处(科)室也有执法权，每个稽查队又分为3～5个分队，有时候会更多。这导致郑州市金水区的某一个面粉厂一天曾接受7个稽查队检查的极端现象，已经危害到了企业的正常生产秩序，导致企业与执法机关严重对立。

3.4 其他行业监测事权划分的经验与教训

水文部门是水利部门专门的水文、水量、水质监测机构，水文部门自成立伊始即实行省以下垂直管理体制，因此，本研究将以水文为例分析其他行业监测事权划分经验与问题。

3.4.1 水文系统垂直管理的法律安排

1991 年发布的《水文管理暂行办法》第十一条明确规定："国家基本水文站网由水利部组织统一规划，由省（自治区、直辖市）水行政主管部门和水利部所属流域机构组织实施。"

2007 年 6 月 1 日起施行的《水文条例》第四条第三款明确规定："省、自治区、直辖市人民政府水行政主管部门主管本行政区域内的水文工作，其直属的水文机构接受上级业务主管部门的指导，并在当地人民政府的领导下具体负责组织实施管理工作。"

3.4.2 水文系统垂直管理的机构和事权划分的经验

1. 水文管理体制概述

在相当长一段时期里，我国水文管理主要有两种模式：条线管理模式和地方管理模式。条线管理模式是全国水文管理的传统主流模式。全国 31 个省（自治区、直辖市）除浙江省外，其余 30 个省（自治区、直辖市）实行的都是垂直管理模式，全国只有浙江省实行地方分级管理的模式。1995 年 2 月，浙江省人民政府印发《关于改革水文管理体制的通知》（浙政发〔1995〕25 号），将水文管理体制由省统一管理体制改为现行的分级管理体制，除钱塘江流域的兰溪、分水和之江水文站仍由省直接管理外，省内其他水文站点（包括各类代办站），根据其服务范围，成建制地划归所在市、县政府管理。

2. 水文管理体制分析

(1) 省级垂直管理模式

这是现行占主导地位的水文管理体制模式，虽然对水文事业稳定发展起到了极大的促进作用,但也有一些方面不适应经济社会发展新形势的需要。基层水文单位不能及时了解和掌握当地防汛抗旱、水资源管理和经济社会发展等工作的需求,市、县人民政府也难以根据当地经济社会发展的需要,对水文工作提出要求,造成工作脱节,不仅影响了水文为当地经济社会发展服务作用的充分发挥,也制约了水文自身的发展。

(2) 地方水文管理体制模式

由于浙江省没有大江大河,省内河流皆属独流入海的中小河流,水文特性相对简单;与此同时,浙江省经济发达,地方政府财力雄厚,因此,浙江省试点实行了地方分级管理的水文管理体制。实行这个体制后,浙江省水文事业的发展取得了较好的效果:一是职工收入提高,工作环境改善;二是各种资金投入渠道增多,水文基础设施建设得到加强、提高;三是水文队伍稳定,职工积极性、热情提高;四是水文资料质量提高。

3. 水文事权划分的经验

(1) 管理权较为集中,由省级水文机构负责行使水文事业的管理权。负责全省水文事业规划;负责全省水文站网的规划、调整和国家基本水文站点的设立、撤销、转移;负责全省水文资料的审核、汇编和信息发布;负责全省水文的预警。

(2) 监测权下移,由省以下各级水文机构负责水文事业的监测权。负责维护水文站点;负责监测各项水文信息;负责水文资料的上报;负责水文信息的预警分析。

3.4.3　水文系统垂直管理事权划分的问题分析

1. 管理体制问题的分析

目前主流的垂直管理模式导致基层水文机构与地方政府的管理脱节。水文系统在垂直管理体制之下条块分割脱节,与市、县防汛抗旱、水资源管理体制不相适应。这既不利于水文部门同地方及有关部门进行沟通协调,基层水文单位不能及时了解和掌握当地防汛抗旱、水资源管理等信息,也不利于地方政府及有关部门主动支持水文部门做好相关工作,市、县政府也难以根据当地经济社会发展的需求,对水文工作提出要求,从而造成工作脱节和重复浪费,也制约了水文事业的发展。致使一些地方防汛抗旱会商决策、突发性水事件处理等方面面临诸多实际困难。

与此同时，实行属地管理的浙江省也面临着一些需要完善的问题。一是属地化后作为流域性的水文工作缺乏流域内上下游水文事业的协调；二是属地化后流域性与地方区域性水文事业发展之间目前尚存在缺乏协调机制的问题；三是属地化后水文专业技术人才队伍管理面临地方缺乏专业管理能力和系统培训的问题。

2. 事权划分问题的分析

过去水文监测事业相对较为简单，省级即足以全面实施水文管理事权。但是，随着监测网的扩大完善和监测事项的增加，过于集中的管理事权难以应对新的形势。

3.4.4　水文系统的改革

由于传统的垂直管理导致基层水文机构与地方政府管理脱节的问题，以及早些年浙江省属地化改革中产生的一些问题，目前我国一些省份开展了省市共管的水文管理体制改革。

2005 年，全国水文工作会议提出，“进一步推进中央和地方对国家重要测站的共建共管及由省级水行政主管部门和地市级政府对地市级水文局实行双重管理”。近些年来，各省（自治区、直辖市）根据上述精神，积极探索和开展了水文双重管理体制改革工作。目前，辽宁、江西、山东、湖南、广西、贵州、云南、河南、广东的一些地（市、州）级水文机构陆续挂牌成立，实行省级水行政主管部门和地（市、州）级人民政府双重管理体制；辽宁、江西、湖南、广西、山东的部分县级水文机构挂牌成立，实行省级水文机构和县级人民政府双重管理体制。以湖南省为例，2006 年 12 月，《湖南省水文条例》实施后，驻各市州的水文水资源勘测局陆续加挂市州水文局牌子，实行以水文部门省市双重管理、省垂直管理为主的管理体制。目前，全省市级水文机构和 70％的水文测站经费列入了地方财政预算，各级地方政府支持水文事业的经费均有较大幅度增加。水文机构改为双重管理后，更充分地发挥了水文为地方经济社会发展服务的功能，有利于水文部门有效参与地方防汛抗旱、水资源管理、水土保持等各项涉水事务，扩大了服务功能和服务领域。

第四章
环保垂直管理及其事权划分的理论基础

4.1 环境管理事权划分的理论基础

4.1.1 环境管理事权横向划分的理论基础

1. 新公共管理理论

20 世纪 70 年代末至 80 年代初，新公共管理理论在世界范围内掀起一场声势浩大的行政改革浪潮。各国政府利用管理改革来重塑国家的作用及其与国民间的关系。新公共管理倾向于选择将决策制定和决策执行分离的体制。为了实现两者分离，新公共管理主张把公共服务的生产和提供交由市场和社会力量来承担，而政府主要集中于决策职能，如拟订政策、建立适当的激励机制、监督合同执行等。

2. 博弈论

博弈论是现代数学的一个新分支，主要研究公式化了的激励结构间的相互作用，研究具有斗争或竞争性质现象的数学理论和方法。博弈论在生物学、经济学、国际关系、计算机科学、政治学、军事战略和其他很多学科都有广泛的应用。其基本概念包括局中人、行动、信息、策略、收益、均衡和结果等。其中局中人、策略和收益是最基本要素。局中人、行动和结果被统称为博弈规则。博弈论以工具性方法实现了组织冲突与合作的分析及其优化策略。

3. 系统论

美籍奥地利人、理论生物学家L.V.贝塔朗菲在1937年提出了一般系统论原理,奠定了系统论的理论基础。系统论强调,任何系统都是一个有机的整体,它不是各个部分的机械组合或简单相加,系统的整体功能是各要素在孤立状态下所没有的性质。它通过调整系统结构,协调各要素关系,使系统达到优化目标。

4.1.2 环境管理事权纵向划分的理论基础

1. 分权理论

财政分权理论认为,如果将资源配置的权力更多地向地方政府倾斜,那么通过地方政府间的竞争,能够使地方政府更好地反映纳税人的偏好,从而为将各项财政职能及事权在各级政府之间进行适当的分配提供了理论依据。代表性的有蒂布特的"以足投票"理论、马斯格雷夫的分权思想和奥茨的分权定理,此外还有斯蒂格勒的"菜单"理论、特里西的偏好误差理论以及布坎南的分权俱乐部理论。

(1) 蒂布特的"以足投票"理论

蒂布特(1956年)首先从公共品入手,假定居民可以自由流动,具有相同偏好和收入水平的居民会自动聚集到某一地方政府周围,居民的流动性会带来政府间的竞争,一旦政府不能满足其要求,那么居民可以"用脚投票"——迁移到自己满意的地区,结果地方政府要吸引选民,就必须按选民的要求供给公共品,从而可以达到帕累托效率。因此,在居民的约束下,地方政府有最有效提供公共品的动力。

(2) 马斯格雷夫的分权思想

马斯格雷夫(1959年)从考察财政的三大职能出发,分析了中央和地方政府存在的合理性和必要性,他认为:宏观经济稳定与收入再分配职能应由中央负责,因为地方政府对宏观经济稳定实施控制缺乏充足的财力,另外经济主体的流动性也严重束缚了地方政府进行收入再分配的尝试;而资源配置政策则应根据各地居民的偏好不同而有所差别,在这方面地方政府比中央政府更适合,且有利于经济效率的提高和社会福利水平的改进。

(3) 奥茨的分权定理

奥茨(1972 年)在《财政联邦主义》一书中通过一系列假定提出了分散化提供公共品的比较优势,即奥茨"分权定理":对某种公共品来说,如果对其消费涉及全部地域的所有人口的子集,并且关于该公共品的单位供给成本对中央政府和地方政府都相同,那么让地方政府将一个帕累托有效的产出量提供给他们各自的选民则总是比中央政府向全体选民提供的产出量要有效率得多。因为与中央政府相比,地方政府更接近公众,更了解辖区选民的效用与需求,所以如果上下级政府提供同样的公共品时,下级政府提供效率会更高。奥茨(1999 年)进一步指出,由于信息不对称,地方政府对其辖区内居民的偏好比中央政府了解得越多,公共品提供的成本就越低;迫于政治压力,也限制了中央政府对某地提供相对于其他地方来说更高的公共品和服务,这也使得中央政府等份提供公共品的假定难以成立。此外,即使政府供给公共品的成本相同,需求也会不同,中央政府统一供给带来的福利损失将随着公共品需求价格弹性的下降而增加,而地方政府公共品的需求价格弹性恰恰很低。

2. "科层制"理论

德国著名社会学家马克斯·韦伯于 20 世纪初提出了"科层制"理论。韦伯认为,科层制或官僚制是指一种以分部—分层、集权—统一、指挥—服从等为特征的组织形态,是现代社会实施合法统治的行政组织制度。韦伯的理想行政组织结构可分为三层,包括高级管理阶层或决策层、中级管理阶层或管理层,以及基层管理阶层或执行层。韦伯"理想的行政组织体系"具有如下特性:

(1) 合理的分工。在组织中明确划分每个组织成员的职责权限并以法规的形式将这种分工固定下来。

(2) 层级节制的权力体系。在组织中实行职务等级制和权力等级化,整个组织是一个层级节制的权力体系。

(3) 依照规程办事的运作机制。在组织中任何管理行为都不能随心所欲,都要按章行事。

(4) 形成正规的决策文书。在组织中一切重要的决定和命令都以正式文件的形式下达,下级易于接受明确的命令,上级也易于对下级进行管理。

(5) 组织管理的非人格化。在组织中管理工作是以法律、法规、条例和正式文件等来规范组织成员的行为的，公私分明，对事不对人。

(6) 合理合法的人事行政制度。量才用人，任人唯贤，因事设职，专职专人，以及适应工作需要的专业培训机制。

3. 外部性理论

外部性，又称溢出效应，源于马歇尔 1890 年在其《经济学原理》中提出的“外部经济”概念，庇古则在马歇尔“外部经济”概念的基础上扩充了“外部不经济”的概念。政府提供公共服务会产生外部性，在决定政府职责划分的过程中，要看公共服务的外部性由哪一级政府来承担，即根据服务的受益或影响范围、公共物品的属性来确定由哪一级政府提供更为合适。各项公共服务的提供，应尽可能由控制着服务提供的效益与成本内部化的最小地理区域的辖区来实施。

4. 信息处理理论

要考察不同的政府职责如何在中央政府与地方政府之间划分，或是在不同层级地方政府之间划分，需要考虑信息处理的复杂性。在信息处理上，不同级别的政府具有不同的比较优势。一般说来，低层级政府相比较高层级的政府具有更多的信息优势，更加了解基层的情况，搜集和处理信息的成本相对较低，能准确掌握所在地区民众的需求和偏好。因此，地方政府也比中央政府更容易识别信息的真伪。而信息越复杂，存在信息不对称的可能性也就越高。因此，从信息的复杂程度出发，信息复杂程度越高的问题越适合由基层来管理。但如果问题具有非常强的外部性，具有跨区域和明显的外溢性，那么可以由地方政府与中央政府合作处理。中央政府可以通过转移支付、补助等方式来实现对地方政府的供给。信息复杂程度较低且属于全局性的问题适合由国家或省级政府来管理。

4.2 环境管理事权划分的原则

4.2.1 环境管理事权划分的一般原则

1. 监管独立原则

将负责环境监管职能的环境管理部门与地方政府通过垂直管理的方式实现

基本的独立，避免地方党委政府对环境管理工作的不当干预。同时要求监管主体利益与监管事权分离。

2. 效率优先原则

在纵向的各层级之间强调效率优先，即根据合理的规模考量和合理的管理半径分析，确定不同层级相应的管理事权；在横向的各部门之间强调效率优先，根据专业性，确定不同部门相应的管理事权，从而实现环境管理工作高效率、管理成果效用最大化。

3. 清晰界定原则

在纵向的各层级之间和横向的各部门之间都要进行清晰的环境管理事权的厘定和划分，尽可能使得某一项事权完全整体性地归属于某一主体，最大限度地避免职权配置不清及责任不明的情况，避免因事权模糊不清而带来相互推诿、效率低下或管理缺位。

4. 全面覆盖原则

强调全面覆盖，不管事权如何划分，整体上生态环境管理都应在空间和环境要素、管理对象上实现全面覆盖。

5. 全面协调原则

强调相互协调，不管事权如何划分，在纵向的各层级之间和横向的各部门之间都要相互协调。

6. 质量核心原则

强调以质量改善为核心，各项环境管理事权安排应围绕如何改善环境质量，满足公众环境改善需求，维护公众环境权益来配置。

4.2.2　环境管理事权横向划分的原则

1. 权责一致原则

遵循权责一致原则就是要求根据各部门的管理职权，合理分配环境管理事权，避免有权无责或有责无权的权责错位现象。

2. 全面性原则

生态环境具有系统性，因此，生态环境的监管必须在监管项目、监管对象上都具有全面性。这就要求通过合理的横向环境管理事权划分，构建全面覆盖的生态环境管理网络体系，不留空白，确保各监管对象各项生态环境要素得到全面覆盖的监管。

3. 协调性原则

构建全面覆盖的环境管理事权体系还需要横向的各职能部门生态环境管理机构相互协调，依据各自职能分工来明确定位，确定环境管理的方向和侧重点；同时各部门之间形成统一的生态环境管理网络共享体系，提升整体效能。

4. 效率性原则

应遵循效率性原则，尽可能考虑各部门的优势，从专业技术的角度合理划分相关管理事权，以形成最优的管理效率。

5. 公共性原则

积极引导社会公众参与环境管理，形成生态环境的政府—企业—社会多元主体公共治理格局，提升全社会环境管理的效率。

4.2.3 环境管理事权纵向划分的原则

1. 外部性原则

按照公共产品的层次属性和效率原则，全国性的公共产品由中央政府承担；地区性公共产品，涉及的范围相对较小，地方政府对辖区内居民的需求偏好、数量、质量等信息掌握得更充分，因此由地方政府供给效率更高，且能够较好地实现公共产品的直接受益者与物品供给成本分摊之间的挂钩；而跨行政区的区域性或流域下的公共物品具有利益外溢性和区域性特征，需要进行跨区域的协调和分工，则由中央和地方政府联合提供或由多个同级地方政府联合提供。就环境管理事权划分而言，同样应根据受益情况或影响范围以及公共物品的属性，将涉及全国、全省区域的监察事权交给国家或省级环境管理机构，而把局限于地区性影响的管理事权交给基层的环境管理机构。

2. 信息处理的适宜性原则

要考察不同的政府职责如何在中央政府与地方政府之间划分，或是在不同层级地方政府之间划分，需要考虑信息处理的复杂性。在信息处理上，不同级别的政府具有不同的比较优势，信息处理适宜性原则下的纵向事权划分模型见表

4-1。一般说来，低层级政府相比较高层级的政府具有更多的信息优势，更加了解基层的情况，搜集和处理信息的成本相对较低，能准确掌握所在地区民众的需求和偏好，地方政府也比中央政府更容易识别信息的真伪。而信息越复杂，存在信息不对称的可能性也就越高。因此，从信息的复杂程度出发，信息复杂程度越高的问题越适合由基层来管理。但如果问题具有非常强的外部性，具有跨区域和明显的外溢性，那么可以由地方政府与中央政府合作解决。中央政府可以通过转移支付、补助等方式来实现对地方政府的供给。信息复杂程度较低且属于全局性的问题适合由国家或省级政府来管理。对环境管理垂直事权划分而言，同样应该将信息复杂程度高的事权交给较为基层的环境管理机构，而把信息复杂程度低，属于全局性的事权交给国家或省级的环境管理机构。

表 4-1 信息复杂性与事权划分

		复杂性	
		低	高
外部性	低	地方政府	地方政府或较低层级地方政府
	高	中央政府	中央政府或较高层级地方政府或央地合作

3. 激励相容机制

如果在某种制度安排下，各级政府或其所属部门都按划定的职能尽力做好自己的事情，就可以使全局利益最大化，那么这种制度安排就是激励相容的。在激励相容的制度安排下，各级政府或其所属的部门各自按照划定的职能尽力做好自己分内的事情，实现自身利益，客观上就可以实现全社会的利益最大化。对环境管理垂直事权划分而言，同样是应该实现各级环境管理机构的激励相容。

4. 公共服务均等化原则

提供区域环境基本公共服务属于地方政府的事权，由地方财政支出来提供。县级政府重点保障城乡环境基本公共服务均等化的实现。受限于经济发展水平和财政能力，区域间(省市县)环境基本公共服务均等化的事权在上级政府。在下级政府财政无法为实现环境基本公共服务标准提供保障时，上级财政应予以补助和支持。对环境管理垂直事权划分而言，同样应依据公共服务均等化原则，通过加强基层环境管理能力的建设，确保基层，包括县乡得到均等的环境基本公共服务。

5. 规模与效率原则

规模效应，是指因规模增大而带来经济效益提高。政府事权划分中的规模效应是指某一特定事权的范围和资源在某一特定层级集中，专业化、集中化地进行事权履行和公共服务供给，能够提高服务效率和降低供给成本。规模效应要求尽可能将特定的事项集中归属于某一特定层级的政府，充分发挥该层级政府在供给某些物品上的信息优势、技术优势，使不同层级政府专注于特殊的事务，提高供给的专业化水平。这就要求对不同层级的政府进行功能定位，强化中央政府的统领与协调功能定位；明确省级政府作为区域性事务的管理者以及区域性基础设施的供应者的定位；市县镇级政府的定位则主要是作为基层公共服务的直接供给者，负责提供与居民生活有着紧密关联的服务。相应的，对环境管理垂直事权划分而言，应该明确各级环境管理机构的各自定位，提高环境管理工作的整体水平和效率。

6. 权责一致原则

权责一致原则，是指一个组织或组织的管理者所拥有的权力应当与其所承担的责任相适应。不能只拥有权力而不履行其职责，也不能只要求管理者承担责任而不予以授权。对环境管理事权划分而言，应依据权责一致原则，根据各级政府相关环境管理职权，对其所属环境管理机构授予相应的管理事权。

第五章
环境管理垂直管理下事权的划分

5.1 对环境管理事权的梳理

5.1.1 对环境管理的特性分析

1. 环境管理的定义

环境管理是指运用行政、法律、经济、技术、教育等手段对涉及生态环境的事务进行有效的计划、组织和控制，实现相应生态环境目标的过程。环境管理包括环保行政管理、立法管理、司法管理、社会管理和企业内部的环境管理。本研究所指的环境管理为环保行政管理，即环境管理机构在各级环境保护行政主管部门的领导下，依法对辖区内一切单位和个人履行环保法律、法规，执行环境保护各项政策、标准的情况进行现场监督、检查、处理的行政管理活动。

2. 环境管理的特点

(1) 环境管理的综合性。环境管理是由自然、政治、社会和技术等多因素错综复杂地交织在一起而形成和发展的。这就决定了环境管理的高度综合性，表现在必须采取立法、经济、教育、技术和行政等各种措施相结合的办法，才能有效地解决环境问题。环境管理的综合性还体现在生态环境保护必须遵循生态系统的特点来进行综合管理，实现要素综合管理，形成生态系统的一体化管理。

(2) 环境管理的协调性。由环境管理的综合性带来环境管理的协调性，要求环境管理应协调社会经济发展与环境保护的统一，协调各生态要素之间的综合环境效益，协调城乡环境的共同发展。

(3) 环境管理的公共性。政府必须为公众提供健康的生态环境公共品，承担起保护环境和自然资源的责任，政府对其生产、供给、分配和监管都负有责任。即使是利用市场手段保护环境，也需要在政府的监督下实施。

(4) 环境管理的区域性。环境问题由于自然环境、社会经济生产方式和环境质量标准的差异存在明显的区域性，这就要求环境管理必须根据各地的不同特点，因地制宜，采取不同的管理措施。

(5) 环境管理的自然适应性。环境管理面对具有自我维持功能的自然环境，有必要充分利用自然环境适应外界变化的能力，如资源再生能力、环境自净能力和自然界生物防治的作用等，以达到保护和改善环境的目的。

(6) 环境管理的专业性。环境管理工作区别于一般管理活动，它是以环境科学知识为基础的一项专业性管理活动，要求环境管理人员必须熟悉业务，具有较高的专业知识水平。

3. 环境管理的任务

(1) 贯彻落实环境保护的法律法规与方针政策。

(2) 建设一个清洁、优美、安静、生态健全发展的环境，保护人民健康。

(3) 合理利用自然资源，防治环境污染，维持生态平衡，促进国民经济长期稳定发展。

(4) 开展环境科学研究，培养科学技术人才，加强环境保护宣传教育，不断提高全民对环境保护的认识水平。

4. 环境管理的主要手段

(1) 行政手段是环境保护部门经常且大量采用的手段。行政手段主要包括研究制定环境政策、组织制定和检查环境计划；编制生态环境规划，将某些地域划为生态红线保护区、自然保护区、重点治理区；对某些环境危害严重的企业要求其限期治理，以至勒令停产、转产或搬迁；对某些环境危害严重的区域实施区域限批、限期治理；采取行政制约手段，如审批环境影响报告书，发放与环境保护有关的各种许可证；对重点区域、水域的防治工作给予必要的资金技术支持。

(2) 法律手段是环境管理的强制性措施。按照环境法规、环境标准来处理环境污染和破坏问题，对违反环境法规、污染和破坏环境、危害人民健康、财产的单位或个人给予警告、罚款，或责令赔偿损失；协助和配合司法机关对违反环境保护法律的犯罪行为进行斗争，协助仲裁等。

(3) 经济手段是环境管理中的一种重要措施。主要包括对积极防治环境污染的企业、事业单位给予资金援助；对排放污染物超过国家规定标准的单位，按照污染物的种类、数量和浓度征收排污费或环境税；对违反规定造成严重污染的单位或个人处以罚款；对排放污染物损害人群健康或造成财产损失的排污单位责令其对受害者赔偿损失；对利用废弃物质生产的产品给予减、免税收等。

(4) 环境教育是环境管理不可缺少的手段。主要是利用网络、书报、杂志、影视、报告会、讲座等多种形式，向公众传播环境科学知识，宣传环境保护的意义以及国家有关环境保护和防治污染的方针、政策、法令等。在高等院校、科学研究单位培养环境管理人才和环境科学专门人才；在中小学进行环境科学知识教育；对各级环境管理部门的在职干部进行轮训。

(5) 技术手段是环境管理的支持手段。如推广和采用无污染工艺和少污染工艺；因地制宜地采取综合治理和区域治理技术；登记、评价、控制有毒化学品的生产、进口和使用；交流国内外有关环境保护的科学技术情报；组织推广环境管理经验和环境科学技术成果；开展国际环境科学技术合作等。

5.1.2　对环境管理事权的一般分析

事权是在法律基础与范围内所履行的权利，或者说是在公共事务和服务中应承担的任务和职责。根据前述环境管理的概念、工作任务等，结合环境管理工作开展和系统建设，开展环境管理事权分析。

1. 现行《环境保护法》规定的事权

根据现行《环境保护法》的规定，梳理出环境管理事权如表 5-1 所示。

表 5-1 现行《环境保护法》规定的事权

序号	事权	条 文
1	监督管理	第十条 国务院环境保护主管部门，对全国环境保护工作实施统一监督管理；县级以上地方人民政府环境保护主管部门，对本行政区域环境保护工作实施统一监督管理。县级以上人民政府有关部门和军队环境保护部门，依照有关法律的规定对资源保护和污染防治等环境保护工作实施监督管理。
2	环境规划	第十三条 国务院环境保护主管部门会同有关部门，根据国民经济和社会发展规划编制国家环境保护规划，报国务院批准并公布实施。县级以上地方人民政府环境保护主管部门会同有关部门，根据国家环境保护规划的要求，编制本行政区域的环境保护规划，报同级人民政府批准并公布实施。
3	标准控制	第十五条 国务院环境保护主管部门制定国家环境质量标准。省、自治区、直辖市人民政府对国家环境质量标准中未作规定的项目，可以制定地方环境质量标准；对国家环境质量标准中已作规定的项目，可以制定严于国家环境质量标准的地方环境质量标准。地方环境质量标准应当报国务院环境保护主管部门备案。 第十六条 国务院环境保护主管部门根据国家环境质量标准和国家经济、技术条件，制定国家污染物排放标准。省、自治区、直辖市人民政府对国家污染物排放标准中未作规定的项目，可以制定地方污染物排放标准；对国家污染物排放标准中已作规定的项目，可以制定严于国家污染物排放标准的地方污染物排放标准。地方污染物排放标准应当报国务院环境保护主管部门备案。
4	环境监测	第十七条 国家建立、健全环境监测制度。国务院环境保护主管部门制定监测规范，会同有关部门组织监测网络，统一规划国家环境质量监测站(点)的设置，建立监测数据共享机制，加强对环境监测的管理。
5	环境监察执法	第二十四条 县级以上人民政府环境保护主管部门及其委托的环境监察机构和其他负有环境保护监督管理职责的部门，有权对排放污染物的企业事业单位和其他生产经营者进行现场检查。 第二十五条 企业事业单位和其他生产经营者违反法律法规规定排放污染物，造成或者可能造成严重污染的，县级以上人民政府环境保护主管部门和其他负有环境保护监督管理职责的部门，可以查封、扣押造成污染物排放的设施、设备。
6	宣传教育	第九条 各级人民政府应当加强环境保护宣传和普及工作，鼓励基层群众性自治组织、社会组织、环境保护志愿者开展环境保护法律法规和环境保护知识的宣传，营造保护环境的良好风气。
7	科技支持	第七条 国家支持环境保护科学技术研究、开发和应用，鼓励环境保护产业发展，促进环境保护信息化建设，提高环境保护科学技术水平。

续表

序号	事权	条　文
8	环评	第十九条　编制有关开发利用规划，建设对环境有影响的项目，应当依法进行环境影响评价。
9	财税调节	第二十一条　国家采取财政、税收、价格、政府采购等方面的政策和措施，鼓励和支持环境保护技术装备、资源综合利用和环境服务等环境保护产业的发展。
10	排污许可	第四十四条　国家实行重点污染物排放总量控制制度。重点污染物排放总量控制指标由国务院下达，省、自治区、直辖市人民政府分解落实。企业事业单位在执行国家和地方污染物排放标准的同时，应当遵守分解落实到本单位的重点污染物排放总量控制指标。对超过国家重点污染物排放总量控制指标或者未完成国家确定的环境质量目标的地区，省级以上人民政府环境保护主管部门应当暂停审批其新增重点污染物排放总量的建设项目环境影响评价文件。 第四十五条　国家依照法律规定实行排污许可管理制度。实行排污许可管理的企业事业单位和其他生产经营者应当按照排污许可证的要求排放污染物；未取得排污许可证的，不得排放污染物。
11	应急管理	第四十七条　各级人民政府及其有关部门和企业事业单位，应当依照《中华人民共和国突发事件应对法》的规定，做好突发环境事件的风险控制、应急准备、应急处置和事后恢复等工作。县级以上人民政府应当建立环境污染公共监测预警机制，组织制定预警方案；环境受到污染，可能影响公众健康和环境安全时，依法及时公布预警信息，启动应急措施。
12	环境设施公共服务	第五十一条　各级人民政府应当统筹城乡建设污水处理设施及配套管网，固体废物的收集、运输和处置等环境卫生设施，危险废物集中处置设施、场所以及其他环境保护公共设施，并保障其正常运行。
13	信息公开	第五十三条　各级人民政府环境保护主管部门和其他负有环境保护监督管理职责的部门，应当依法公开环境信息、完善公众参与程序，为公民、法人和其他组织参与和监督环境保护提供便利。 第五十四条　国务院环境保护主管部门统一发布国家环境质量、重点污染源监测信息及其他重大环境信息。省级以上人民政府环境保护主管部门定期发布环境状况公报。县级以上人民政府环境保护主管部门和其他负有环境保护监督管理职责的部门，应当依法公开环境质量、环境监测、突发环境事件以及环境行政许可、行政处罚、排污费的征收和使用情况等信息。县级以上地方人民政府环境保护主管部门和其他负有环境保护监督管理职责的部门，应当将企业事业单位和其他生产经营者的环境违法信息记入社会诚信档案，及时向社会公布违法者名单。

对一般市以下环保行政管理部门，一般没有标准事权。

2. 现行环境管理机构具体明确的相关职能

以环境保护部为例，根据其网站所列的职责，环境保护部具有以下职能。

(1) 负责建立健全环境保护基本制度。拟订并组织实施国家环境保护政策、规划，起草法律法规草案，制定部门规章。组织编制环境功能区划，组织制定各类环境保护标准、基准和技术规范，组织拟订并监督实施重点区域、流域污染防治规划和饮用水水源地环境保护规划，按国家要求会同有关部门拟订重点海域污染防治规划，参与制订国家主体功能区划。

(2) 负责重大环境问题的统筹协调和监督管理。牵头协调重特大环境污染事故和生态破坏事件的调查处理，指导协调地方政府重特大突发环境事件的应急、预警工作，协调解决有关跨区域环境污染纠纷，统筹协调国家重点流域、区域、海域污染防治工作，指导、协调和监督海洋环境保护工作。

(3) 承担落实国家减排目标的责任。组织制定主要污染物排放总量控制和排污许可证制度并监督实施，提出实施总量控制的污染物名称和控制指标，督查、督办、核查各地污染物减排任务完成情况，实施环境保护目标责任制、总量减排考核并公布考核结果。

(4) 负责提出环境保护领域固定资产投资规模和方向、国家财政性资金安排的意见，按国务院规定权限，审批、核准国家规划内和年度计划规模内固定资产投资项目，并配合有关部门做好组织实施和监督工作。参与指导和推动循环经济和环保产业发展，参与应对气候变化工作。

(5) 承担从源头上预防、控制环境污染和环境破坏的责任。受国务院委托对重大经济和技术政策、发展规划以及重大经济开发计划进行环境影响评价，对涉及环境保护的法律法规草案提出有关环境影响方面的意见，按国家规定审批重大开发建设区域、项目环境影响评价文件。

(6) 负责环境污染防治的监督管理。制定水体、大气、土壤、噪声、光、恶臭、固体废物、化学品、机动车等的污染防治管理制度并组织实施，会同有关部门监督管理饮用水水源地环境保护工作，组织指导城镇和农村的环境综合整治工作。

(7) 指导、协调、监督生态保护工作。拟订生态保护规划，组织评估生态环境质量状况，监督对生态环境有影响的自然资源开发利用活动、重要生态环境建设和生态破坏恢复工作。指导、协调、监督各种类型的自然保护区、风景名胜区、森林公园的环境保护工作，协调和监督野生动植物保护、湿地环境保护、荒漠化防治工作。协调指导农村生态环境保护，监督生物技术环境安全，牵头生物物种(含遗传资源)工作，组织协调生物多样性保护。

(8) 负责核安全和辐射安全的监督管理。拟订有关政策、规划、标准，参与核事故应急处理，负责辐射环境事故应急处理工作。监督管理核设施安全、放射源安全，监督管理核设施、核技术应用、电磁辐射、伴有放射性矿产资源开发利用中的污染防治。对核材料的管制和民用核安全设备的设计、制造、安装和无损检验活动实施监督管理。

(9) 负责环境监测和信息发布。制定环境监测制度和规范，组织实施环境质量监测和污染源监督性监测。组织对环境质量状况进行调查评估、预测预警，组织建设和管理国家环境监测网和全国环境信息网，建立和实行环境质量公告制度，统一发布国家环境综合性报告和重大环境信息。

(10) 开展环境保护科技工作，组织环境保护重大科学研究和技术工程示范，推动环境技术管理体系建设。

(11) 开展环境保护国际合作交流，研究提出国际环境合作中有关问题的建议，组织协调有关环境保护国际条约的履约工作，参与处理涉外环境保护事务。

(12) 组织、指导和协调环境保护宣传教育工作，制定并组织实施环境保护宣传教育纲要，开展生态文明建设和环境友好型社会建设的有关宣传教育工作，推动社会公众和社会组织参与环境保护。

(13) 承办国务院交办的其他事项。地方各级环保行政管理部门则相应行使本辖区环境事务监管职能，承办其所属人民政府交办的事项。

5.1.3　新形势对环境管理发展的新要求

1. 省以下环保行政管理部门垂直管理背景下的事权安排需求

《“十三五”规划纲要》提出建立省以下环保机构监测监察执法垂直管理制度。习近平总书记在说明中明确提出，今后“市(地)级环保局实行以省级环保厅(局)为主的双重管理体制，县级环保局不再单设而是作为市(地)级环保局的派出机构”。这就提出了垂直施政的环境管理新要求，要求地方各级环保行政管理部门之间调整事权安排，加强管理与协调，在避免中央环境政策在多级执行后遭到地方干预的同时，避免带来新的扭曲。

2. 简政放权背景下的事权安排需求

十七届二中全会《关于深化行政管理体制改革的意见》提出：“按照精简统一效能的原则和决策权、执行权、监督权既相互制约又相互协调的要求，紧紧围绕职能转变和理顺职责关系，进一步优化政府组织结构，规范机构设置。”这就提出了简政放权的环境管理新要求。简政放权是深化行政体制改革的核心，也是发展市场经济、法治经济的保障。这就要求减少行政审批，在环境管理领域就是要减少相关项目建设的环境审批事项，简化审批程序，下放审批权限；同时调整监管手段，减少微观管理，由微观环境管理转向监管、指导和引导。

3. 综合监管背景下的事权安排需求

《关于深化行政管理体制改革的意见》提出了综合监管的环境管理新要求，综合监管还是本届政府提升政府管治效率的重要举措。2013 年，针对食品药品监管“九龙治水”的管理困境，发布了《国务院关于地方改革完善食品药品监督管理体制的指导意见》，推进地方食药综合监管的机构改革和职能转变。环保管理方面同样要求按照五位一体的生态文明建设要求，加强环保局的宏观决策管理职能。

4. 环境监管体制改革背景下的事权安排需求

2016 年全国环境保护工作会议要求，“十三五”期间必须以环境质量改善为核心，坚持绿色发展，实行最严格的环境保护制度，提高环境管理系统化、科学化、法治化、精细化和信息化“五化”水平。重点谋划和做好以下六个方面的工作：一是以改善环境质量为核心，深入实施大气、水、土壤污染防治三大行动计划。通过三大战役，带动加快污染治理、改善环境质量、强化政府责任。同时，完善总量控制制度，推行区域性、行业性总量控制，鼓励地方实施特征性污染物总量控制，改进减排核查核算的方式、方法，使总量控制更好地服务于质量改善。二是以改革环境治理基础制度为动力，加快构建绿色发展的内生机制。开展环保督察，落实生态环保“党政同责”，实行省以下环保机构监测监察执法垂直管理制度，建立全国统一的实时在线环境监控系统，建立覆盖所有固定污染源的企业排放许可制，健全生态环境保护市场体系，健全环境信息公布制度。三是以建立健全环境预防体系为抓手，切实优化生态文明建设的空间格局。完成全国生态保护红线划定，编制实施环境功能区划，建立更优化的国土空间格局，强化战略和规划环评刚性约束。四是以法治和标准为牵引，积极推进供给侧结构性改革。建立系统完备、高效有力的环境法治体系，完善环境标准体系，推动供给侧改革，提供更多优质生态产品。五是以生态环境安全为底线，加大环境风险防控力度。构建全过程、多层级的环境风险防范体系，提高核设施安全水平，加强化学品和危险废物环境管理，加强生态风险预警监控。六是以社会多元共治为路径，大力推进生产生活方式绿色化。推动建立绿色低碳循环发展产业体系，推进绿色供应链环境管理，引导公众向勤俭节约、绿色低碳、文明健康的生活方式转变。

5. 垂直管理环保行政管理部门与监测监察分离背景下可能的事权安排需求

实行省以下环保行政管理垂直管理及与环境监测监察部门分设后，对目前环保行政管理部门承担的职能可能就需要重新考量，剥离部分监测监察事权及环境公共管理职能。

（1）调整监察职能

由于十三五规划纲要提出实施省以下环境监察机构的垂直管理，因此，为避免重复执法，宜剥离市以下环保行政管理部门的现场监察执法职能，以利于环境监察部门独立、权威地开展环境监察执法工作。同时，按照“决策权、执行权、监督权既相互制约又相互协调”的要求，应优化环保局自身的监管职能，可赋予必要的行政处罚决定权以及督查考核权。

（2）调整监测职能

由于十三五规划纲要提出实施省以下环境监测机构的垂直管理，因此，宜调整监测职能，剥离市以下环保行政管理部门原有的环境质量监测等职能，保留市以下环保行政管理部门环评监测、验收监测等的管理事权。

（3）剥离县级环保局科技管理等职能

由于垂直管理后县级环保局将不再是县级人民政府的组成部门，无法履行过去作为组成部门的若干事权，典型的如环境科技管理事权，在垂改后可移交县科技局。

5.2 环境管理事权的横向划分

5.2.1 环境管理横向体系的建设目标

1. 总体目标

形成适应我国生态文明建设要求，切实保障生态环境安全，监管有力、覆盖全面、职能匹配、职责清晰、协作顺畅的政府各部门间分工环境管理体系，以及政府监管—企业自我管理—社会参与监管一体的多元化环境管理体系。

2. 主要目标

（1）形成覆盖全面、职能匹配、职责清晰的政府各部门间分工环境监管体系。

（2）形成协作顺畅的政府各部门间分工协作环境监管体系。

（3）形成监管有力的政府生态环境管理体系。

（4）形成政府监管—企业自我管理—社会参与监管一体的高效多元主体环境管理体系。

5.2.2 环境管理事权横向划分的基本思路

1. 政府—企业—社会环境监管事权划分的基本思路

加强引导，加强企业自我管理和公众参与监管。20 世纪 70 年代以来，针对管治效率的下降和困难，西方各国致力于公共行政改革。市场学派提出公共服务的市场化，新公共行政学则强调市民参与、邻居控制及分权等保障社会公平，自组织理论提出通过自治组织管理公共物品的新途径，新公共服务理论则强调通过公众参与到公共治理中来以追求共同价值，这些理论的发展为公共事务中的公众参与提供了依据。1972 年，斯德哥尔摩会议通过《人类环境宣言》，指出保护环境是各国政府的责任，各级政府应承担最大的责任，同时要求人民和团体以及企业共同努力。1998 年《奥胡斯公约》的签订，标志着环境治理中公众参与在国际上得以确立。环境治理理论中传统环境干预主义随之衰落，取而代之的是市场环境主义及自主治理学派的发展。在生态文明建设和现代治理体系下，我国环境治理也应形成多利益群体的社会制衡模式，积极发挥私营企业和市民的作用，调整政府环境管理模式，构建以规制性工具为主，以市场性和自愿性工具相结合为辅的环境治理工具体系。因此应在充分尊重企业和社会环境监管事权基础上开展政府环境事权划分。

2. 部门间环境监管事权划分的基本思路

（1）依据主要管理职能安排部门间环境监管事权

生态系统的各环境要素具有相对独立性，各要素的利用及管理权又分属于不同的政府管理部门，因此，需要依据各自主要管理职能安排部门间环境管理事权。通过合理界定各部门的环境管理事权边界，形成既覆盖全面，又能充分发挥各部门优势的国家生态环境管理体系，以利于各部门充分利用自身的优势，在各自的管理权限内监察提高生态环境监管能力。对于具有内在整体性、连续性事务的监管，应尽可能由多部门分段监管改变为交由一个部门全程监管。如农作物秸秆禁烧，由于秸秆禁烧与综合利用紧密联系，只有搞好综合利用，禁烧难方能迎刃而解，因此农作物综合利用与禁烧统一由农业部门来管更有利于工作的推进。与此类似的监管都应交由其他主管部门去实施，以保证环保部门集中精力管好工业污染源，以及对相关部门监管工作的统一监督。

（2）涉及多部门，协调难度大的环境管理职能宜交给综合管理执法部门

对专业性不强、涉及多个部门且协调难度大的部分环境执法监管职能，宜交由一个部门实行综合执法。如对饮食服务业油烟污染，社会生活噪声污染，建筑施工噪声污染，各类城市施工扬尘污染，违反规定在公共场所焚烧垃圾、落叶，以及向城区河道、水面倾倒垃圾和其他废弃物的行政处罚权等就可纳入综合行政执法。对于群众的相关信访投诉，应及时移交综合执法部门处理，并向群众做好说明解释工作。

（3）环保部门实施环境事务统一监管

法律赋予环保行政管理部门环境事务的统一监管职责，因此，环境管理的事权划分应能够保障环保行政管理部门有效行使环境事务的统一监管职能。对于专业性较强、职能边界明晰的环境管理工作，环保行政管理部门更应责无旁贷。从而为环保部门实施统一监管提供强有力的支持。

(4) 加强与各资源环境管理部门的协作

由于环境要素的复杂性、多样性,我国形成了“环保部门统一监管、相关部门分工负责”的多部门协作管理制度。但是,在条块分割的环境管理体制下,各部门之间管理机构重叠、职能交叉、权限不清,跨部门的环境管理协调机制有待完善。这就要求在操作职能上,各有侧重的环境管理部门之间要基于“统一监管”和“分工协作”的制度设计要求,加强各资源环境管理部门之间的衔接和协调。

考虑部门间事权划分涉及大部制等行政体制改革,因此,本研究不具体探讨部门间环境管理事权的划分。

3. 环保部门环境管理事权划分的基本思路

由于省以下环保机构垂直管理后,市县将出现环保行政管理机构、环境监测与环境监察机构三者的分离,因此,应考虑环保部门内部环保行政管理机构、环境监测、环境监察机构之间共享事权划分,既要避免因此出现管理空白,也要避免出现事权交叉重叠。

(1) 相关专门性技术事权尽可能交环境监测与环境监察机构。

(2) 综合性行政管理事权尽可能交环保行政管理机构。

(3) 通过构建环保行政管理机构、环境监测、环境监察机构之间新的架构,来优化各事权间的衔接。

环保部门环境监管事权划分是本研究的重点,以下将予以详细讨论。

5.2.3 环境管理横向事权的安排

考虑环境管理横向事权的安排涉及大部制改革等较复杂的问题,因此,在垂直管理改革中不同时开展环保行政管理部门与其他各部门之间的事权划分,以避免提高垂直管理改革的难度,影响改革的进程。本研究仅对市县环保局与政府的关系,以及环保局与环境监测监察机构的关系做出原则性安排。环保行政管理部门与其他各部门之间的事权划分可依据本研究提出的思路在今后做进一步探讨。

1. 市县环保局与政府的关系

市环保局作为市政府的组成部门,与其他政府组成部门共同承担本市环境事务行政管理工作。

县环保局作为市环保局的派出机构,同时作为县政府的工作机构,与相关政府组成部门共同承担本县环境事务的行政管理工作。

2. 环保局与环境监测监察机构的关系

由于环境监测监察垂直管理的要求，环境监测及监察机构将会完成垂改独立。但是如果环境监测监察机构完全独立于市县环保局，将不可避免地严重削弱环保局的环境管理能力，因此有必要实施环境监测机构和环境监察机构的分离。对环境监测机构而言，可在剥离社会化服务监测的基础上，通过分离环境质量监测和执法应急监测，形成由省向下垂直的环境质量监测一条线和县级的执法应急监测一条线。对环境监察机构而言，可通过分离环境监察和环境执法，形成由省向下垂直的环境监察一条线和由市向下垂直的环境执法一条线。市县环保局与由省以下垂直的环境监察和环境监测机构相互独立，以保障其独立性；同时，由市向下垂直的环境执法和执法应急监测机构仍隶属于市县环保局，以保障其实现有效的监管。

5.3　环境管理事权的纵向划分

5.3.1　环境管理纵向体系的建设目标

1. 总体目标

形成适应我国生态文明建设要求，能够切实保障生态环境安全，监管有力、覆盖到底、职能匹配、职责清晰、协作顺畅的各层级政府间的分级环境管理体系。

2. 主要目标

(1) 形成职能匹配、分级合理的各层级政府间的生态环境管理体系。

(2) 形成覆盖全面、职责清晰的各层级政府间的生态环境管理体系。

(3) 形成高效、协作顺畅的各层级政府间的生态环境管理体系。

5.3.2　环境管理事权纵向划分的基本思路

环境管理属于中央及地方各级共同事权，因此，地方环保行政机构之间应合理分配事权，明确权责，以提高环境管理的效能及效率。

1. 打破职责同构，建立互补关系

在打破职责同构的基础上，建立“伙伴型政府间关系”，科学规划地方环保行政机构的事权互补关系，明确各自权责，以避免职责同构带来的管理重复浪费和权力内耗。

2. 优化决策层，减少中间层，强化执行层

在省、市、县、乡镇环境管理机构的组织体系中，应根据现代组织理论，优化决策层，减少中间层，强化执行层，即优化省级环境管理机构的决策与管理职能，提高其统一决策和监管的水平；减少市级环境管理机构上传下达的管理职能，提升其保留的决策权的决策水平，强化其区域环境监管能力；强化县级环保局的监管职能，加强其对具体环境管理对象的监管能力。

3. 根据履责效率划分不同层级的环境管理事权

地方环保机构对本区域内居民的公共产品需求偏好、数量、质量、结构等相关信息的了解和掌握程度较高，在提高公共服务效率方面具有优势。因此，从效率优先的角度来讲，应尽可能下移项目审批监管、应急、宣教等管理事权。

5.3.3 环境管理事权纵向划分的方案设计

根据不同环境管理事权的特点，考虑垂直管理改革要求以及纵向间不同集权与分权强度，本研究提出以下不同的纵向事权划分方案。

5.3.3.1 内部管理事权纵向划分的方案设计

1. 内部管理事权划分方案一

该方案保留省、市两级内部管理事权，即省级在适当扩大内部管理事权的同时，主要由市环保局统一行使市域内部管理事权。内部管理事权主要包括人事事权、财务事权和监察考核事权。

(1) 人事事权。省级环保厅局决定全省各级环保机构的编制安排，决定市环保局领导岗位及中层干部的人事安排。市级环保局对全市环保系统的人事负责，决定各县区及乡镇环境管理机构的人事安排，决定县区环保局领导岗位及中层干部的人事安排。

(2) 财务事权。省级环保厅局对全省环保系统的财务负责，市级环保局对全市环保系统的财务负责，决定各县区及乡镇环境管理机构的经费安排。

(3) 监察考核事权。省级环保厅局对全省环保系统的日常工作负监督责任，对各市环境管理机构及环境监察、环境监测机构进行监察考核。市级环保局对全市环保系统的日常工作负监督责任，对各县区及乡镇环境管理机构进行监察考核。

2. 内部管理事权划分方案二

该方案保留省—市—县三级内部管理事权，即省市县均可行使内部管理事权，但部分县级内部管理事权上收到市级，部分市级内部管理事权上收到省级。

(1) 市级环保局管理事权主要包括人事事权、财务事权和监察考核事权。

① 人事事权。市级环保局对全市环保系统的人事负责，决定各县区环境管理机构的人事安排，决定县区环保局领导岗位的人事安排。

② 财务事权。市级环保局对全市环保系统的财务负责，决定各县区环境管理机构的经费安排。

③ 监察考核事权。市级环保局对全市环保系统的日常工作负监督责任，对市本级、各县区环境管理机构进行监察考核。

(2) 县级环保局管理事权主要包括人事事权、财务事权和监察考核事权。

① 人事事权。县环保局对全县环保系统的人事负责，决定县区环保局一般干部及乡镇环境管理机构人事安排。

② 财务事权。县环保局对全县环保系统的财务负责，决定本县区环境管理机构内部二级单位及各乡镇环境管理机构的经费安排。

③ 监察考核事权。县区环保局对全县环保系统的日常工作负监督责任，对本县区环境管理机构内部二级单位及乡镇环境管理机构进行监察考核。

3. 内部管理事权划分方案比较

对两个内部管理事权划分方案进行比较分析(表 5-2)，本研究认为方案一，即省—市—县模式的优点在于集中的扁平式管理，管理成本降低，避免了多级管理中的消耗；缺点在于市县环境管理机构直接的距离带来统一管理的难度，也可能增加因运行不畅带来的管理成本，并且改革力度较大，需要付出一定的改革成本。方案二，即省—市—县模式的特点在于相对改革力度不大，调整难度较小，管理层级数不变，管理成本相应也不是很高，因为管理权下放到县级，可以对下辖县区有较为具体的了解，决策针对性相对较优；缺点是仍存在中间决策管理层，带来一定的管理成本及行政消耗。

表 5-2 内部管理事权纵向划分的方案设计

方 案	事权划分	适宜地区	推荐指数
方案一	保留省、市两级内部管理事权，即省级在适当扩大内部管理事权的同时，主要由市环保局统一行使市域内部管理事权	一般省份，尤其是省域范围不大的地区	★★★
方案二	保留省—市—县三级内部管理事权，即省市县均可行使内部管理事权，但部分县级内部管理事权上收到市级，部分市级内部管理事权上收到省级	省域范围较大或差异较大、市级环境管理能力较强的地区	★★

综合考虑各方案的优劣势，本研究认为总体上方案一最优，一般地区，尤其是省域范围不大的地区可选择该方案，建议通过监察管理领域的补充机制，解决该方案的不足。省域范围较大或差异较大、市级环境管理机构能力较强的地区也可选择方案二。

5.3.3.2 各类环境事务管理事权纵向划分的方案设计

根据本研究对环境管理的事权分析，环境事务管理事权包括环境政策事权、环境规划事权、环境公共服务事权、环境项目审批事权、环境行政许可事权、环境事务统一监管事权、环境信访与纠纷处理事权以及环境应急管理事权。基于前述划分原则及思路，本研究提出以下环境事务管理事权纵向划分方案（由于目前乡镇环境管理机构尚未真正建立，省级环保厅局环境管理事权在垂直管理改革中相对稳定，本研究主要考虑市、县两级的事权划分）。

1. 环境政策事权的划分方案

环境政策事权包括社会经济发展规划的环境建议权、政府及相关部门社会经济政策的环境建议权、区域环境政策的制定（或建议）与实施监督权等。

（1）环境政策事权划分方案一

市县级环保局分别实施原市县两级环境政策事权不变。

（2）环境政策事权划分方案二

市县环保局分别实施各自层级的环境政策事权，同时，市环保局对县环保局实施业务指导。市级负责市政府及相关部门社会经济发展规划的环境建议权、市政府及相关部门社会经济政策的环境建议权、市域环境政策的制定与实施监督权；县级负责县区政府及相关部门社会经济发展规划的环境建议权、县区政府及相关部门社会经济政策的环境建议、县区域环境政策的建议（考虑县环保局不是县政府的组成部门，它不具有直接的政策制定权，垂直管理后应由其向驻地县政府提出相关政策的建议，或者受驻在地县政府委托牵头制定）与实施监督。此外，作为派出机构，县区环保局在对县区政府及相关部门社会经济发展规划和社会经济政策提出环境建议，提出县域环境政策建议的过程中可向市级环保局进行咨询，市环保局可根据法律法规、国家及省市环境政策和该县区的实际情况提出建议。

（3）环境政策事权划分方案三

市环保局统一实施市县的环境政策事权。市环保局负责对市县区政府及相关部门编制的社会经济发展规划提出环境建议，对市县区政府及相关部门的社会经济政策提出环境建议，制定市域环境政策并实施监督。

（4）环境政策事权划分方案的比较

对上述三个方案进行比较分析（表 5-3），本研究认为方案一市县环保局分别实施各自层级的环境政策事权的优点在于同级实施有利于提高政策的针对性；缺点在于没有能够利用好垂直管理的机构协调优势。方案二，市县环保局分别实施各自层级的环境政策事权，同时，市环保局对县环保局实施业务指导。方案二的优点有两方面，一方面政策能够具有较好的针对性，另一方面可以充分利用垂直管理的机构协调优势，有利于提升县级环境政策的科学性。方案三因直接剥夺县级环境决策权，除在直辖市外，与现有行政体制安排有较大冲突，相对缺乏可行性和实际可操作性。

表 5-3　环境政策事权纵向划分的方案设计

方　案	事权划分	适宜地区	推荐指数
方案一	市县环保局分别行使各自层级的环境政策事权	省域范围不大的省（自治区）	★★
方案二	市县环保局分别行使各自层级的环境政策事权，同时，市环保局对县环保局实施业务指导	一般地区	★★★
方案三	市级环保局统一实施市县环境政策事权	直辖市	★

综合考虑各方案的优劣势，本研究认为总体上方案二较优，一般地区可选择该方案；省域范围不大的省（自治区）也可选择方案一。

2. 环境规划事权的划分方案

环境规划事权包括社会经济规划的环境目标与约束权、生态环境空间分区规划事权、环境保护规划与总量规划编制权、生态环境保护资金计划与审批权、年度环境保护工作目标任务分解确定事权、区域流域发展规划的环境影响评价、建议及否决权等。

（1）环境规划事权划分方案一

市环保局统一行使市域环境规划事权。市级统一负责制定市域社会经济规划的环境目标与约束，负责编制市域生态环境空间分区规划和环境保护规划，负责分解确定市域年度环境保护工作目标任务，负责组织市级有关部门编制的区域流域发展规划的环境影响评价技术评审、相应做出可能包括否决的建议。

（2）环境规划事权划分方案二

市县环保局分别行使各自层级的环境规划事权，同时，市环保局加强对县环保局实施业务指导，并对县级行使规划环评管理事权。市级负责制定市级社会经济规划的环境目标与约束，负责编制市级生态环境空间分区规划和环境保护规划，负责分解确定市级各部门及县人民政府年度环境保护工作目标任务，负责组织市县有关部门编制的区域流域发展规划的环境影响评价技术评审、相应做出可能包括否决的建议，并对县环保局实施业务指导。县环保局受驻在地县政府委托负责确定县级社会经济规划的环境目标与约束，编制县域生态环境空间分区规划和环境保护规划，负责分解确定县级各部门及乡镇人民政府年度环境保护工作目标任务，参与组织县级有关部门编制的区域流域发展规划的环境影响评价技术评审、相应做出可能包括否决的建议。

（3）环境规划事权划分方案三

市县环保局分别行使各自层级的环境规划事权，同时，市环保局加强对县环保局实施业务指导。市级负责制定市级社会经济规划的环境目标与约束，负责编制市级生态环境空间分区规划和环境保护规划，负责分解确定市级各部门及县人民政府年度环境保护工作目标任务，负责组织市有关部门编制的区域流域发展规划的环境影响评价技术评审、相应做出可能包括否决的建议，并对县环保局实施业务指导。县环保局受驻在地县政府委托负责确定县级社会经济规划的环境目标与约束，编制县域生态环境空间分区规划和环境保护规划，负责分解确定县级各部门及乡镇人民政府年度环境保护工作目标任务，负责组织县级有关部门编制的区域流域发展规划的环境影响评价技术评审、相应做出可能包括否决的建议。

(4) 环境规划事权划分方案的比较

对上述三个方案进行比较分析(表 5-4)，本研究认为方案一市环保局统一行使市域环境规划事权的优点在于规划权高度集中，可充分发挥市级环保局的专业优势和独立性，保障规划的科学性和权威性；缺点是可能由于市级环保局缺乏对县区具体情况的了解，影响规划的针对性。方案二，市县环保局分别行使各自层级的环境规划事权，同时，市环保局加强对县环保局实施业务指导，并上收部分规划环评事权。该方案可充分发挥市级环保局的专业优势和独立性，保障规划的科学性和权威性，又从一定程度上保障了规划的针对性。方案三，市县环保局分别行使各自层级的环境规划事权，同时，市环保局加强对县环保局实施业务指导。该方案可充分发挥市级环保局的专业优势，保障规划的科学性，又从一定程度上保障了县级规划的自主性空间。

表 5-4　环境规划事权纵向划分的方案设计

方　案	事权划分	适宜地区	推荐指数
方案一	市环保局统一行使市域环境规划事权	直辖市或西部县级环境管理能力不足的地区	★★
方案二	市县环保局分别行使各自层级的环境规划事权，市环保局加强对县环保局实施业务指导，并上收部分规划环评事权	一般地区	★★★
方案二	市县环保局分别行使各自层级的环境规划事权，市环保局加强对县环保局实施业务指导	一般地区	★

综合考虑各方案的优劣势，本研究认为总体上方案二最优，一般地区可选择该方案；直辖市、副省级城市或西部县级环境管理能力不足的地区也可选择方案一。

3. 环境公共服务事权的划分方案

环境公共服务事权是环境管理机构为保障公众环境权益提供的公益性服务事权，包括环境宣教、环境统计与信息公开、生态环境创建活动组织等。根据环境公共服务的特点，总体上应遵循区域安排的原则，即应尽可能下移该事权。

（1）环境公共服务事权划分方案一

市环保局统一行使市域环境公共服务事权。市环保局负责市域内环境宣教、环境统计与信息公开、负责市县区生态环境创建活动组织。

（2）环境公共服务事权划分方案二

市县环保局分别行使各自层级的环境公共服务事权，同时，市环保局加强对县环保局实施业务指导。因此，市环保局应负责市级环境宣教、环境统计与信息公开、生态环境创建活动组织，并负责指导县级开展各项环境公共服务事务。县环保局在市环保局指导下具体负责县级环境宣教、环境统计与信息公开、生态环境创建活动组织等。

（3）环境公共服务事权划分方案的比较

对上述两个方案进行比较分析（表5-5），本研究认为方案一市环保局统一行使市域环境公共服务事权，其优点在于公共服务权高度集中，可充分发挥市级环保局的专业优势和独立性，保障公共服务的科学性和权威性；缺点是可能由于市级环保局缺乏对县区具体情况的了解，影响公共服务的针对性和效率。方案二，市县环保局分别行使各自层级的环境公共服务事权，同时，市环保局加强对县环保局实施业务指导。该方案可充分发挥市级环保局的专业优势和独立性，保障公共服务的科学性和权威性，又从一定程度上保障了公共服务的针对性和效率。

表5-5　环境公共服务事权纵向划分的方案设计

方　案	事权划分	适宜地区	推荐指数
方案一	市环保局统一行使市域环境公共服务事权	直辖市或西部县级环境管理能力不足的地区	★★
方案二	市县环保局分别行使各自层级的环境公共服务事权，市环保局加强对县环保局实施业务指导	一般地区	★★★

综合考虑各方案的优劣势，本研究认为总体上方案二最优，一般地区可选择该方案；直辖市、副省级城市或西部县级环境管理能力不足的地区也可选择方案一。

4. 环境行政许可事权的划分方案

环境行政许可事权是各级环境管理机构为控制环境污染和生态破坏而确立的一项重要行政管理事权，包括项目环评审批、排污许可、污染防治设施的拆除和闲置许可、危废许可(危险废物综合经营许可证和危险废物收集经营许可证)、核与辐射许可(辐射安全许可证初审或审查核发工作)等。根据简政放权的总体要求，应尽可能推动行政许可事权的下移。根据《环境保护部审批环境影响评价文件的建设项目目录(2015 年本)》，除由环保部审批的项目外，各省应根据自身实际陆续下放部分审批事权到市县。由于环境项目审批事权较为具体，各地宜在法律法规框架内根据实际需要和条件划分适合本地的划分方案。

(1) 环境行政许可事权划分方案一

市环保局统一行使市域环境行政许可事权。市环保局负责市域内项目环评审批、排污许可、污染防治设施的拆除和闲置许可、危废许可、核与辐射许可等。

(2) 环境行政许可事权划分方案二

市县环保局分别行使各自层级的环境行政许可事权，同时，市环保局加强对县环保局实施业务指导。因此，市环保局应负责市级项目环评审批、排污许可、污染防治设施的拆除和闲置许可、危废许可、核与辐射许可等。县环保局在市环保局指导下具体负责县级项目环评审批、排污许可、污染防治设施的拆除和闲置许可、危废许可、核与辐射许可等。遵循分级许可、简政放权的原则，各地应根据市县环保局实际监管能力，确保相关事权“放得下、接得住、用得好”。与此同时，环保行政管理机构将工作重点由前端审批管理转为后期监管。

(3) 环境行政许可事权划分方案的比较

对上述两个方案进行比较分析(表 5-6)，本研究认为方案一市环保局统一行使市域环境行政许可事权的优点在于行政许可权高度集中，可充分发挥市级环保局的专业优势和独立性，保障行政许可的科学性和权威性；缺点是可能由于市级环保局缺乏对县区具体情况的了解，影响行政许可的针对性。方案二，市县环保局分别行使各自层级的环境行政许可事权，同时，市环保局加强对县环保局实施业务指导，并上收部分行政许可事权。该方案可充分发挥市级环保局的专业优势和独立性，保障规划的科学性和权威性，又从一定程度上保障了行政许可的针对性。

表 5-6　环境行政许可事权纵向划分的方案设计

方　案	事权划分	适宜地区	推荐指数
方案一	市环保局统一行使市域环境行政许可事权	直辖市或西部县级环境管理能力不足的地区	★★
方案二	市县环保局分别行使各自层级的环境行政许可事权，市环保局加强对县环保局实施业务指导，并上收部分许可事权	一般地区	★★★

综合考虑各方案的优劣势，本研究认为总体上方案二最优，一般地区可选择该方案；直辖市、副省级城市或西部县级环境管理能力不足的地区也可选择方案一。

5. 环境事务统一监管事权的划分方案

环境事务统一监管事权是《环境保护法》赋予环境保护主管部门最基本的环境管理事权，包括环境监理、竣工验收及排污许可管理，以及强制性清洁生产管理、排污权交易管理等项目环境管理事权；机动车排气检测机构管理、社会监测机构管理和环评单位资质管理等第三方环境服务管理事权；城乡环境综合整治管理、生态红线保护区管理、自然保护区与生物多样性综合管理、环境监测监察机构管理事权以及生态环境考核管理事权等综合环境监管事权；此外，还有相对独立的危废管理及核与辐射安全的监督管理。根据环境事务统一监管工作的特点，环境事务统一监管事权划分总体上应遵循属地管理加分级管理的原则。

(1) 环境事务统一监管事权划分方案一

市环保局统一行使市域环境事务统一监管事权。市环保局负责市域内环境监理、竣工验收及排污许可管理，以及强制性清洁生产管理、排污权交易管理等项目环境管理事权；机动车排气检测机构管理、社会监测机构管理和环评单位资质管理等第三方环境服务管理事权；城乡环境综合整治管理、生态红线保护区管理、自然保护区与生物多样性综合管理、环境监测监察机构管理事权以及生态环境考核管理事权等综合环境监管事权；此外，还有相对独立的危废管理及核与辐射安全的监督管理等。

(2) 环境事务统一监管事权划分方案二

市县环保局分别行使各自层级的环境事务统一监管事权，同时，市环保局加强对县环保局实施业务指导。因此，市环保局应负责市级项目环评审批、排污许可、污染防治设施的拆除和闲置许可、危废许可、核与辐射许可等。县环保局在市环保局指导下具体负责县级项目环评审批、排污许可、污染防治设施的拆除和闲置许可、危废许可、核与辐射许可等。遵循分级许可、简政放权的原则，各地应根据市县环保局实际监管能力，确保相关事权"放得下、接得住、用得好"。与此同时，环保行政管理机构将工作重点由前端审批管理转为后期监管。

(3) 环境事务统一监管事权划分方案的比较

对上述两个方案进行比较分析(表5-7)，本研究认为方案一市环保局统一行使市域环境事务统一监管事权的优点在于事务统一监管权高度集中，可充分发挥市级环保局的专业优势和独立性，保障事务统一监管的科学性和权威性；缺点是可能由于市级环保局缺乏对县区具体情况的了解，影响事务统一监管的针对性。方案二，市县环保局分别行使各自层级的环境事务统一监管事权，同时，市环保局加强对县环保局实施业务指导，并上收部分事务统一监管事权。该方案可充分发挥市级环保局的专业优势和独立性，保障监管的科学性和权威性，又从一定程度上保障了事务统一监管的针对性。

表5-7　环境事务统一监管事权纵向划分的方案设计

方　案	事权划分	适宜地区	推荐指数
方案一	市环保局统一行使市域环境事务统一监管事权	直辖市或西部县级环境管理能力不足的地区	★★
方案二	市县环保局分别行使各自层级的环境事务统一监管事权，市环保局加强对县环保局实施业务指导，并上收部分监管事权	一般地区	★★★

综合考虑各方案的优劣势，本研究认为总体上方案二最优，一般地区及西部县级环境管理能力不足的地区可选择该方案；直辖市、副省级城市或西部县级环境管理能力不足的地区也可选择方案一。

6. 环境违法查处事权的划分方案

环境违法行政处理是为应对环境违法而赋予各级环境管理部门的行政调查及处罚事权，是保护群众环境权益的一项重要补充事权。

(1) 环境违法查处事权划分方案一

市环保局统一行使市域环境违法查处事权。县区环境监察机构将环境违法事件的现场监察结果报市环保局，并由市环保局最终实施行政处罚权。

(2) 环境违法查处事权划分方案二

市县环保局分别行使各自层级的环境违法查处事权。根据环境违法主体的等级确定由市或县区环保局处理,如果环境违法行为较为严重,应按照等级提升管理层级,由市环保局处理。此外,如环境违法涉及跨县区事件的,应由市环保局会同相关县区处理。

(3) 环境违法查处事权划分方案三

主要由派出的县环保局行使环境违法查处事权,市环保局对县环保局实施业务指导。根据环境违法查处工作的特点,该方案遵循属地管理原则,一般环境违法事件由县区环保局处理。如环境违法涉及跨县区事件的,应由市环保局会同相关县区处理。

(4) 环境违法查处事权划分方案的比较

对上述三个方案进行比较分析(表 5-8),本研究认为方案一市环保局统一行使市域环境违法查处事权的优点在于违法查处权高度集中,可充分发挥市级环保局的专业优势和独立性,保障违法查处的科学性和权威性;缺点是可能影响查处的效率。方案二,市县环保局分别行使各自层级的环境违法查处事权,同时,市环保局加强对县环保局实施业务指导,并上收部分违法查处事权。该方案可充分发挥市级环保局的专业优势和独立性,保障违法查处的科学性和权威性,又从一定程度上保障了违法查处的效率。方案三主要由派出的县环保局行使环境违法查处事权,市环保局对县环保局实施业务指导。该方案遵循属地管理原则,更符合环境违法查处工作的特点,有利于提高执法效率,但如果处理不好也可能影响执法的科学性和权威性。

表 5-8 环境违法查处事权纵向划分的方案设计

方 案	事权划分	适宜地区	推荐指数
方案一	市环保局统一行使市域环境违法查处事权	直辖市或西部县级环境管理能力不足的地区	★★
方案二	市县环保局分别行使各自层级的环境违法查处事权,市环保局加强对县环保局实施业务指导,并上收部分违法查处事权	一般地区	★★★
方案三	主要由派出的县环保局行使环境违法查处事权,市环保局对县环保局实施业务指导	东部县级环境管理能力较强的地区	★★

综合考虑各方案的优劣势，本研究认为总体上方案二最优，一般地区及西部县级环境管理能力不足的地区可选择该方案；直辖市、副省级城市或西部县级环境管理能力不足的地区可选择方案一；东部县级环境管理能力较强的地区也可选择方案三。

7. 环境信访、纠纷处理事权的划分方案

环境信访、纠纷处理管理是各级环境管理部门为应对环境问题而提供的综合管理事权，也是保护群众环境权益的一项重要补充事权。根据环境信访、纠纷处理工作的特点，该事权划分总体上应遵循属地管理原则，一般由县区环保局处理。如果信访反映问题突出、纠纷较大，必要的时候应按照等级提升管理层级，由市环保局处理，各地可根据实际条件和需要进行事权的划分。此外，如环境信访、纠纷涉及跨县区事件的，应由市环保局会同相关县区处理。

(1) 环境信访、纠纷处理事权划分方案一

市环保局统一行使市域环境信访、纠纷处理事权。

(2) 环境信访、纠纷处理事权划分方案二

市县环保局分别行使各自层级的环境信访、纠纷处理事权，同时，市环保局加强对县环保局实施业务指导。

(3) 环境信访、纠纷处理事权划分方案的比较

对上述两个方案进行比较分析(表 5-9)，本研究认为方案一市环保局统一行使市域环境信访、纠纷处理事权，其优点在于可充分发挥市级环保局的专业优势和独立性；缺点是可能由于市级环保局缺乏对县区具体情况的了解，影响信访、纠纷处理的针对性和灵活性。方案二，市县环保局分别行使各自层级的环境信访、纠纷处理事权，该方案可以充分保障信访、纠纷处理的针对性和灵活性。

表 5-9 环境信访、纠纷处理事权纵向划分的方案设计

方 案	事权划分	适宜地区	推荐指数
方案一	市环保局统一行使市域环境信访、纠纷处理事权	直辖市或西部县级环境管理能力不足的地区	★★
方案二	市县环保局分别行使各自层级的环境信访、纠纷处理事权，市环保局加强对县环保局实施业务指导	一般地区	★★★

综合考虑各方案的优劣势，本研究认为总体上方案二最优，一般地区可选择

该方案;直辖市、副省级城市或西部县级环境管理能力不足的地区也可选择方案一。

8. 环境应急管理事权的划分方案

环境应急管理是各级环境管理部门为应对环境突发事件而提供的公益性公共服务事权,也是保护生态环境安全以及群众健康的一项重要紧急事权。根据环境应急工作的特点,总体上本次设计遵循环境应急管理事权应按区域及等级安排的原则。由于部分环境应急管理事权涉及省级环境管理部门,因此本研究从省—市—县三级考虑环境应急管理事权划分方案。

(1) 环境应急管理事权划分方案一

省级负责跨省市应急管理,市级负责跨市县应急管理,县级负责域内应急管理。

(2) 环境应急管理事权划分方案二

省级负责特大环境事故应急管理,市级负责较大环境事故应急管理,县级负责一般环境事故应急管理。

(3) 环境应急管理事权划分方案三

省级负责跨省市应急管理以及特大环境事故应急管理,市级负责跨县应急管理以及较大环境事故应急管理,县级负责域内一般环境事故应急管理。

(4) 环境应急管理事权划分方案四

省级负责跨省市应急管理,协助开展特大环境事故应急管理,市级负责跨县应急管理,协助开展较大环境事故应急管理,县级负责域内一般环境事故应急管理。

(5) 环境应急管理事权划分方案的比较

对四个环境应急管理事权划分方案进行比较分析(表 5-10),本研究认为方案一的出发点是区域原则,即对跨境的环境应急事件,由上级环境管理机构负责应急管理,从而可以在一定程度上避免地方对环境应急工作的干扰;缺点在于由于没有能够区分环境应急事件本身的等级,市县级环境管理机构可能会遇到一些无法有效开展特大/较大环境事故的应急管理。方案二的出发点是事故级别原则,即等级越高的环境突发事件,由级别越高的环境管理机构负责应急管理,从而在一定程度上形成对应的事权关系,充分发挥各级管理机构的专业技术能力;缺点在于对一些跨境事故的事权可能缺乏必要的协调和利益回避机制。方案三的优点在于结合了区域原则和事故级别原则,既可以有效避免地方对环境应急工作的干扰，又可以充分发挥各级环境管理机构的技术能力；缺点是这样的划分让省级环境管理机构承担了较多事权，在一定程度上影响了工作效率。方案四的优点在于同样结合了区域原则和事故级别原则，避免了地方对环境应急工作的干扰，在充分发挥各级环境管理机构技术能力的同时相对于方案三，又从一定程度上降低了上级环境管理机构的工作压力，提高了工作效率。

表 5-10　环境应急管理事权纵向划分的方案设计

方　案	事权划分	适宜地区	推荐指数
方案一	省级负责跨省市应急管理，市级负责跨县应急管理，县级负责域内应急管理		★
方案二	省级负责特大环境事故应急管理，市级负责较大环境事故应急管理，县级负责一般环境事故应急管理		★★
方案三	省级负责跨省市应急管理以及特大环境事故应急管理，市级负责跨县应急管理以及较大环境事故应急管理，县级负责域内一般环境事故应急管理	直辖市、西部地方环境管理能力不足或省域范围较小的地区	★★☆
方案四	省级负责跨省市应急管理，协助开展特大环境事故应急管理，市级负责跨县应急管理，协助开展较大环境事故应急管理，县级负责域内一般环境事故应急管理	一般地区	★★★

综合考虑各方案的优劣势，本研究认为总体上方案四最优，一般地区可选择该方案；西部一些市级监察能力不足的省（自治区）、直辖市，以及省域范围不大的省（自治区）也可选择方案三。

5.4　环境管理事权划分方案的建议

5.4.1　环境管理事权纵向划分方案的建议

1. 省级环保厅（局）的事权安排

总体上，省级环保厅（局）侧重从宏观的角度开展环境管理工作，作为省级人民政府的组成部门，对其负责。

(1) 负责省政府及相关部门社会经济发展规划的环境建议、省政府及相关部门社会经济政策的环境建议、省域环境政策的制定与实施监督。作为地市环保局的上级机构，省级环保厅在地市环保局实施环境政策权的过程中，可根据法律法规、国家及省级环境政策和该地市的实际情况开展业务指导和监督。

(2) 负责制定省级社会经济规划的环境目标与约束，负责编制省级生态环境空间分区规划和环境保护规划，负责分解确定省级各部门及地市人民政府年度环境保护工作目标任务，负责组织省市有关部门编制的区域流域发展规划的环境影响评价技术评审、相应做出可能包括否决的建议，并对市环保局实施业务指导和监督。

(3) 负责省级环境宣教、环境统计与信息公开、生态环境创建活动组织，并负责指导市级开展各项环境公共服务事务。

(4) 根据《环境保护部审批环境影响评价文件的建设项目目录(2015 年本)》以及其他行政许可文件和各省的安排，实施保留在省级环保厅(局)的行政许可管理。

(5) 负责省城乡环境综合整治管理，负责省环境监测及监察机构的管理，负责省级各政府环境责任部门和地市政府的生态环境考核管理。省级生态红线保护区、自然保护区由省级环保厅(局)管理。应由省环保厅负责的危废及核与辐射安全的监督管理。

(6) 负责会同相关地市环保局处理严重环境违法行为及涉及跨地市的环境违法事件。

(7) 负责会同相关地市环保局处理反映问题突出、较大纠纷及涉及跨地市事件的环境信访、纠纷。

(8) 负责跨地市应急管理，协助开展特大环境事故应急管理。

此外，地市环保局实行双重管理，作为地市环保局的上级管理机构，省级环保厅(局)负责对市环保局的主要领导实施管理，决定地市环保局领导岗位人事安排，对省本级环境管理机构和各地市环保局开展监督管理考核。

2. 市环保局的事权安排

总体上，市环保局侧重从中观的角度开展环境管理，作为市人民政府的组成部门，对其负责，并受省级环保厅(局)领导。

(1) 负责市政府及相关部门社会经济发展规划的环境建议、市政府及相关部门社会经济政策的环境建议、市域环境政策的制定与实施监督。作为县区环保局的上级机构,市环保局在县区环保局实施环境政策权的过程中,可根据法律法规、国家及省市环境政策和该县区的实际情况开展业务指导和监督。

(2) 负责制定市级社会经济规划的环境目标与约束,负责编制市级生态环境空间分区规划和环境保护规划,负责分解确定市级各部门及县人民政府年度环境保护工作目标任务,负责组织市县有关部门编制的区域流域发展规划的环境影响评价技术评审、相应做出可能包括否决的建议,并对县环保局实施业务指导和监督。

(3) 负责市级环境宣教、环境统计与信息公开、生态环境创建活动组织,并负责指导县级开展各项环境公共服务事务。

(4) 根据《环境保护部审批环境影响评价文件的建设项目目录(2015 年本)》以及其他行政许可文件和各省的安排,实施保留在市级环保局的行政许可管理。

(5) 负责市城乡环境综合整治管理,负责市以下所属环境执法及执法应急监测机构的管理,负责市各政府环境责任部门和县区政府的生态环境考核管理。市级生态红线保护区、自然保护区由市环保局管理。应由市环保局负责的危废及核与辐射安全的监督管理。

(6) 负责会同相关县区环保局处理严重环境违法行为及涉及跨县区的环境违法事件。

(7) 负责会同相关县区环保局处理反映问题突出、较大纠纷及涉及跨县区事件的环境信访、纠纷。

(8) 负责跨县应急管理,协助开展较大环境事故应急管理。

(9) 支持由省向下垂直的环境监测及环境监察机构的工作。

此外,作为县环保局的直管上级机构,市环保局对县环保局的机构及人、财、物等内部管理负责;对全市环保系统的人事负责,决定各县区及乡镇环境管理机构的人事安排,决定县区环保局领导岗位及中层干部的人事安排;对全市环保系统的财务负责,决定各县区及乡镇环境管理机构的经费安排;对全市环保系统的日常工作负监督责任,对市本级、各县区及乡镇环境管理机构开展监察考核。

3. 县区环保局的事权安排

总体上,县环保局侧重从相对微观的角度开展环境管理。

(1) 负责县区政府及相关部门社会经济发展规划的环境建议、县区政府及相关部门社会经济政策的环境建议、县区域环境政策的建议与实施监督。作为派出机构，县区环保局在对县区政府及相关部门的社会经济发展规划和社会经济政策提出环境建议，在提出县域环境政策建议的过程中可向市环保局进行咨询。

(2) 受驻在地县政府委托负责确定县级社会经济规划的环境目标与约束，编制县域生态环境空间分区规划和环境保护规划，负责分解确定县级各部门及乡镇人民政府年度环境保护工作目标任务，参与组织县级有关部门编制的区域流域发展规划的环境影响评价技术评审、相应做出可能包括否决的建议。

(3) 在市环保局指导下具体负责县级环境宣教、环境统计与信息公开、生态环境创建活动组织等。

(4) 根据《环境保护部审批环境影响评价文件的建设项目目录(2015 年本)》以及其他行政许可文件和各省的安排，实施下放县环保局的行政许可管理。

(5) 负责县城乡环境综合整治管理，负责县所属环境执法机构及执法应急监测机构的管理，负责县级各政府环境责任部门和乡镇政府的生态环境考核管理。负责应由县环保局负责的危废及核与辐射安全的监督管理。

(6) 负责一般环境违法事件的查处。

(7) 负责一般环境信访、纠纷的调处。

(8) 负责域内一般环境事故的应急管理。

此外，县环保局还对全县环保系统的人事负责，决定县区环保局一般干部及乡镇环境管理机构的人事安排；对全县环保系统的财务负责，决定各县区及乡镇环境管理机构的经费安排；对全县环保系统的日常工作负监督责任，对本县区及乡镇环境管理机构开展监察考核。

4. 乡镇环保机构的事权安排

(1) 负责确定乡镇社会经济规划的环境目标与约束，负责分解确定各部门及各监管网格年度的环境保护工作目标任务。

(2) 在县环保局指导下具体负责乡镇环境宣教、环境统计、生态环境的创建活动组织等。

(3) 负责乡镇环境综合整治管理，负责乡镇各环境责任部门和村居委会的生态环境考核管理。

(4) 协助查处域内环境违法事件。

(5) 协助调处域内环境信访、纠纷。

5.4.2 环境管理事权横向划分方案的建议

省级环保厅(局)作为省级人民政府组成部门,与其他政府组成部门共同承担本省(自治区/直辖市)环境事务的行政管理工作,负责本省(自治区/直辖市)环境统一监管职能。

地市级环保局作为地市政府组成部门,与其他政府组成部门共同承担本市环境事务的行政管理工作,负责全市环境统一监管职能。

县环保局作为市环保局派出机构,同时作为县政府工作机构,与相关政府组成部门共同参与县生态文明建设委员会或环境保护委员会,承担本县环境事务的行政管理工作,负责全县环境统一监管职能。

第六章
环境监测垂直管理下事权的划分

6.1 对环境监测事权的梳理

6.1.1 对环境监测事权的一般分析

环境监测是通过对人类和环境有影响的各种物质的含量、排放量的检测，跟踪环境质量的变化，确定环境质量水平，为环境管理、污染治理等工作提供基础和保证。准确、及时、全面地反映环境质量现状及发展趋势，为环境管理、污染源控制、环境规划等提供科学依据。因此，环境监测的主要工作目标可以归纳为以下四点：

(1) 根据环境质量标准评价环境质量。

(2) 根据污染分布情况，追踪寻找污染源，为实现监督管理、控制污染提供依据。

(3) 收集本底数据，积累长期监测资料，为研究环境容量、实施总量控制和目标管理、预测预报环境质量提供数据。

(4) 依据长期监测资料，为保护人类健康、保护环境，合理使用自然资源，制订环境法规、标准、规划等提供依据。

根据前述工作目标，结合环境监测工作的实施和系统建设，环境监测事权主要可分为监测事权、监测应用事权、监测管理事权（质量管理事权、人才与机构建设事权、科技标准事权）。

（1）监测事权。监测事权是各级各部门环境监测机构的核心事权，就是完成各监测对象生态环境要素监测的事权。监测事权按类型可分为环境质量监测事权、环境污染源监测事权、环境应急监测事权、竣工验收监测事权、其他委托监测事权；按过程可分为计划—采样—分析—综合；按要素可分为地表地下及饮用水源地水体质量、海洋环境质量、空气质量、噪声与振动、光污染、生态（包括农村秸秆禁烧）、土壤、固体废弃物、核与辐射、重点污染源污染、机动车污染等。

（2）监测应用事权。监测应用是监测的目的，因此，监测应用事权是各级各部门环境监测机构的根本事权。监测应用事权就是在开展各监测对象生态环境要素监测的基础上，利用获取的环境监测数据进行分析评估，编制各类环境质量报告、监督报告以及污染源监测解析报告等，为环境管理提供服务的事权。开展环境监测信息化与发布（包括区域空气质量预报的日常制作和发布）、生态环境状况评估与风险评估、生态环境承载力评估等，为环境管理以及社会发展规划的环境控制等提供环境方面的技术依据。

（3）监测质量管理事权。监测质量管理事权是环境监测的基本管理事权，就是对各项监测工作实施事前、过程及事后的质量控制与监督检查。负责环境监测工作的质量控制与质量保证工作，负责拟订环境监测网络的质量控制工作计划与监督实施；组织环境监测数据质量的监督检查工作，负责全程序质量管理体系建设和实验室质控工作，制订质量管理体系文件并监督实施，负责计量认证和持证上岗考核工作，管理CMA印章。

（4）人才与机构建设事权。人才与机构建设事权是环境监测基础保障事权，它为环境监测工作的实施提供基础条件。人才与机构建设事权主要包括环境监测人事权与培训资质管理、环境监测实验室建设与资质管理、监测网络布点与建设等。

（5）科技标准事权。科技标准事权是另一项环境监测管理与基础事权，它为环境监测工作提供技术储备和基准，确保整个环境监测工作的科学化与规范化。科技标准事权主要包括对环境监测技术方法的研究和环境监测技术标准的制定等。

6.1.2 新形势下环境监测发展的新要求

随着我国生态文明事业的推进,“十三五”期间将进一步将生态环境监测从环境因素领域向强化生态状况监测和环境健康监测发展,从打响“三大战役”的高度推进污染源监督性监测,强化环境监测质量管理,提升环境监测的科学性与准确性,提高环境状况综合预警能力和综合分析能力,推进监测信息共享与统一发布及理顺生态环境监测运行管理机制,对我国环境监测事业的发展提出了新的要求。

2015年国务院发布了《国家生态环境监测网络建设方案》,对我国生态环境监测工作提出了新的要求,提出了“明晰事权、落实责任,健全制度、统筹规划,科学监测、创新驱动,综合集成、测管协同”的基本原则。《国家生态环境监测网络建设方案》要求,依法明确各方生态环境监测事权,推进部门分工合作,强化监测质量监管,落实政府、企业、社会责任和权利;健全生态环境监测法律法规、标准和技术规范体系,统一规划布局监测网络;依靠科技创新与技术进步,加强监测科研和综合分析,强化卫星遥感等高新技术、先进装备与系统的应用,提高生态环境监测立体化、自动化、智能化水平;适应生态保护红线监管需要,加强生态要素的监测调查以及生态红线区的监管监测;推进全国生态环境监测数据联网和共享,开展监测大数据分析,实现生态环境监测与监管有效联动。初步建成陆海统筹、天地一体、上下协同、信息共享的生态环境监测网络,使生态环境监测能力与生态文明建设要求相适应。

《生态环境监测网络建设方案实施计划(2016—2020年)》提出五项重点任务。一是推进全面设点,在京津冀地区率先实现大气、地表水环境质量监测点位覆盖80%左右的区县,土壤监测点位实现全覆盖。二是推进全国联网,上半年争取率先完成京津冀、长三角、珠三角地区县级空气质量监测点位联网,年底前力争完成这三个地区国控重点污染源监测信息联网。三是推进国家环境质量监测事权上收;全面完成338个城市1 436个城市空气站上收,新建65个区域站(农村站);完成2 703个地表水国控监测断面和419个近岸海域监测点位上收,新建60个地表水质自动监测站;确定7 000个土壤风险点位,初步建成由35 000个点位组成的国家土壤环境质量监测网;出台《环境监测机构编制标准化建设指导意见》。四是改革污染源监督性监测运行方式。发布《污染源监测与监察执法联动办法》，变污染源监督性监测为环境执法监测。五是强化环境监测质量管理。对重点城市地表水环境监测、重点流域水质自动监测、环境空气自动监测第三方运行维护情况开展监督检查。

6.2　政府—企业—社会多元监测主体体系事权的划分

6.2.1　多元监测主体体系的建设目标

1. 总体目标

《生态环境监测网络建设方案》提出，要“依法明确各方生态环境监测事权，推进部门分工合作，强化监测质量监管，落实政府、企业、社会责任和权利”，“形成政府主导、部门协同、社会参与、公众监督的生态环境监测新格局”，明确了环境监测横向体系建设目标的总体要求。因此，本研究认为我国应形成与社会主义市场经济体系相适应，符合生态文明建设要求，事权清晰、高效协作、监管到位的政府—企业—社会多元监测主体体系。

2. 主要目标

(1) 形成与社会主义市场经济体系相适应的政府—企业—社会多元监测主体体系。

(2) 形成高效协作、覆盖全面的多元监测体系。

(3) 形成事权边界清晰、充分竞争的高效社会监测体系。

(4) 形成监管到位、公信力强的多元监测体系。

6.2.2　多元监测主体体系事权划分的基本思路

1. 公益程度不高的事权优先考虑市场安排

根据监测活动的公益程度不同，可将行使政府行为的监测与为社会提供有偿服务的监测分离开来。将公益程度较高的监测活动明确为政府监测行为，而把公益程度较低的监测事权释放出来,优先交给社会监测企业。一方面,收缩政府环境监测机构的相关事权,仅保留环境质量监测、污染源监督监测、突发污染事故应急监测等行使政府职权的监测工作,集中开展公益性监测活动,确保各级环境监测机构能更及时、准确、高效地为环境保护管理提供技术支持,减轻国家财政负担;一方面,将直接为企事业单位或个人提供社会有偿服务的监测事权从各级环境监测机构中分离出来,通过将政府环境监测机构从市场中撤出,培育更公平、开放的环境监测市场,保障环境监测市场更好地发展。充分发挥社会监测机构的市场主体优势,更好地为企事业单位或个人提供环境监测服务。

2. 依据监管压力安排企业与第三方监测事权

将公益程度较低的监测事权依据监管压力安排给企业与第三方监测机构。对一些监管压力较高的环境监测事权,考虑将其安排给第三方监测机构,由第三方提供外部保障;而一些监管压力较低的环境监测事权则可考虑安排企业自行监测。

3. 效益较低及其他市场难以提供的监测事权由政府托底

生态环境监测事权范围较为广泛,既包括一些市场较容易提供的,相对经济效益较高的监测活动,也包括一些市场较小、专业性较强,相对经济效益较低,市场较难提供的监测活动。对其中市场较小、专业性较强,相对经济效益较低,市场较难提供的监测事权应由政府托底,由政府提供必需的公共服务。

6.2.3 监测事权多元监测主体划分的方案设计

6.2.3.1 企业自行监测事权的划分

1. 由企业自行监测的依据

自行监测是指企业按照环境保护法律法规的要求,为掌握本单位的污染物排放状况及其对周边环境质量的影响等情况,组织开展的环境监测活动。企业可依托自有人员、场所、设备开展自行监测,也可委托其他检(监)测机构代其开展自行监测。企业对其自行监测结果及信息公开内容的真实性、准确性、完整性负责。在一些发达国家,相当一部分污染源的监测工作由企业自身实施,以自行监测确保自身达标排放。

(1) 由企业自行监测的法律法规依据

我国法律法规对企业开展自行监测有明确要求。《中华人民共和国水污染防治法》第二十三条规定:“重点排污单位应当安装水污染物排放自动监测设备,与环境保护主管部门的监控设备联网,并保证监测设备正常运行。排放工业废水的企业,应当对其所排放的工业废水进行监测,并保存原始监测记录。”《环境监测管理办法》第二十一条规定:“排污者必须按照县级以上环境保护部门的要求和国家环境监测技术规范,开展排污状况自我监测。”此外,《建设项目环境保护管理条例》《排放污染物申报登记管理规定》《建设项目竣工环境保护验收管理办法》等多部法律法规中对企业自行监测都做出了明确规定。

企业环境信息公开的要求也在一定程度上推动了企业开展自行监测。在《环境保护法》《清洁生产促进法》《环境信息公开办法(试行)》《关于对申请上市的企业和申请再融资的上市企业进行环境保护核查的规定》《环境影响评价公众参与暂行办法》以及《企业环境信息公开公告》等多部法律法规中,都对企业环境信息公开提出了要求。

为进一步建立和完善污染源监测及信息公开制度,环境保护部组织编制了《国家重点监控企业自行监测及信息公开办法(试行)》(以下简称《办法》),要求按照办法要求加强监督,督促企业履行责任与义务,开展自行监测,推动污染源监测信息公开。《办法》依据各项法律法规的要求,明确指出企业应当开展自行监测,强调自行监测及信息公开是企业应自觉履行的社会责任和法定义务。《办法》对企业自行监测的内容、方式、频次、报告编写、措施保障、信息公开等方面进行了详细规定,指出有关环保部门应当对企业自行监测方案的内容和自行监测工作开展情况进行监督检查,并要求不符合规定的企业进行整改,对不开展自行监测的企业,环保部门可视情况采取环境管理措施,并按相关法律法规进行处罚。

(2) 由企业自行监测的理论依据

由企业自行开展监测,理论上主要有三大原因:环境责任、信息不对称及社会治理理论。从企业环境责任的角度讲,企业应该通过污染物排放的监测,将其自身的排污情况向监管部门和公众说清楚。从信息不对称的角度讲,企业对自己的排放情况最了解,即使企业与公众、政府在排放末端的信息掌握是对称的,但是在前端、中端生产过程的相关信息(生产工艺、加工流程)还是不对称,政府相关部门即便每天盯着企业去查也不如企业自己说得明白。从社会治理的角度来看，自身监测可以避免政府在提供服务时的权力寻租行为，使得监测行为更加透明。

2. 企业自行监测事权的确定

企业应当按照国家或地方污染物排放（控制）标准、环境影响评价报告书（表）及其批复、环境监测技术规范的要求，制定自行监测方案。自行监测方案内容应包括企业的基本情况、监测点位、监测频次、监测指标、执行排放标准及其限值、监测方法和仪器、监测质量控制、监测点位示意图、监测结果公开时限等。自行监测方案及其调整、变化情况应及时向社会公开，并报地市级环境保护主管部门备案，其中装机总容量30万千瓦以上火电厂向省级环境保护主管部门备案。

3. 企业当前在自行监测中的问题

企业自行监测自20世纪80年代就已逐步开展，但企业自行监测存在如下主要问题：一是开展形式由企业自行决定，具有很大的随意性，不规范也不完整；二是企业自行监测近年来逐渐有所弱化，相当一部分企业监测队伍、技术水平和装备水平都与要求有差距；三是在环保部门的现行环境监管体系中，缺乏对企业自行监测的监管要求。

问题的具体表现首先是自行监测开展率偏低，2012年，国家重点监控企业的自行监测情况调查结果表明，参与调查的13 352家国家重点监控企业中，开展污染源自行监测的有10 285家，占检查企业总数的67%，部分企业因为缺乏监测能力，缺少监测经费、监测人员、监测设备等原因，尚未开展自行监测工作，这与“十二五”提出的自行监测公布率达到80%以上的要求还存在一定的差距。其次是监测频次偏少，在开展自行监测的企业中，除25%的企业采取自动监测外，其余企业采取手工监测或手工和自动相结合的监测方式，手工监测频次大多为每个季度一次，监测频次明显没有满足《办法》的要求。最后是监测能力普遍较低，监测指标不全。目前，企业自行监测按企业的意愿开展，主要是监测一些容易监测的常规污染物，没有按排放标准监测企业排放的特征污染物，加上企业的监测能力发展缓慢，对于大部分指标不具备监测能力，导致自行监测指标简单、不全面，监测手段简单，监测结果无法全面反映企业的排污状况。

4. 对企业自行监测问题的对策

对照上述分析，企业自身监测的对策包括整体监测人才培养、监测仪器市场的发育、社会监测市场的培育及企业环境信用体系的建设等。

6.2.3.2　政府监测事权的划分

1. 政府生态环境监测的依据

为规范环境监测工作，同时为环境监测提供依据，环境保护部于 2007 年制定发布了《监测管理办法》。该办法第五条明确规定："县级以上环境保护部门所属环境监测机构具体承担下列主要环境监测技术支持工作：(一)开展环境质量监测、污染源监督性监测和突发环境污染事件应急监测；(二)承担环境监测网建设和运行，收集、管理环境监测数据，开展环境状况调查和评价，编制环境监测报告；(三)负责环境监测人员的技术培训；(四)开展环境监测领域科学研究，承担环境监测技术规范、方法研究以及国际合作和交流；(五)承担环境保护部门委托的其他环境监测技术支持工作。"为政府生态环境的监测工作提供了法规依据。

《环境监测管理办法》还对技术标准的事权做出规定："第六条　国家环境保护总局负责依法制定统一的国家环境监测技术规范。省级环境保护部门对国家环境监测技术规范未作规定的项目，可以制定地方环境监测技术规范，并报国家环境保护总局备案。"

此外，《污染源监测管理办法》第六条规定："各级环境保护局所属环境监测站具体负责对污染源排污状况进行监督性监测，其主要职责是：(一)具体实施对本地区污染源排污状况的监督性监测，建立污染源排污监测档案。(二)组建污染源监测网络，承担污染源监测网的技术中心、数据中心和网络中心，并负责对监测网的日常管理和技术交流。(三)对排污单位的申报监测结果进行审核，对有异议的数据进行抽测，对排污单位安装的连续自动监测仪器进行质量控制。(四)开展污染事故应急监测与污染纠纷仲裁监测，参加本地区重大污染事故调查。(五)向主管环境保护局报告污染源监督监测结果，提交排污单位经审核合格后的监测数据，供环境保护局作为执法管理的依据。(六)承担主管环境保护局和上级环境保护局下达的污染源监督监测任务，为环境管理提供技术支持。"第七条规定："行业主管部门设置的污染源监测机构负责对本部门所属污染源实施监测，行使本部门所赋予的监督权力。其主要职责是：(一)对本部门所辖排污单位排放污染物状况和防治污染设施运行情况进行监测，建立污染源档案。(二)参加本部门重大污染事故调查。(三)对本部门所属企业单位的监测站(化验室)进行技术指导、专业培训和业务考核。"对环保局及其他部门的环境监测机构污染源监测事权作出规定。

《生态环境监测网络建设方案》也明确提出："明确生态环境监测事权。各级环境保护部门主要承担生态环境质量监测、重点污染源监督性监测、环境执法监测、环境应急监测与预报预警等职能。环境保护部适度上收生态环境质量监测事权，准确掌握、客观评价全国生态环境质量总体状况。重点污染源监督性监测和监管重心下移，加强对地方重点污染源监督性监测的管理。地方各级环境保护部门相应上收生态环境质量监测事权，逐级承担重点污染源监督性监测及环境应急监测等职能。"

2. 政府生态环境监测事权的确定

根据环境事权的分析及多元监测主体事权的划分思路，结合上述规定，政府生态环境监测的事权应包括以下方面：

(1) 包括环境质量监测、污染源监督性监测和突发环境污染事件应急监测的环境监测事权。

(2) 包括收集、分析环境监测数据，监测数据信息管理与发布，编制环境质量报告，开展生态环境状况评价以及生态安全评价及预警等的环境监测应用事权。

(3) 包括对各项监测工作实施事前、过程及事后的质量控制与监督检查在内的监测质量管理事权。

(4) 包括环境监测人员资质管理及技术培训、环境监测实验室资质管理及环境监测网建设和运行在内的人事与机构建设管理事权。

(5) 包括环境监测技术规范、方法以及标准研究发布的环境监测领域科技标准事权。

(6) 政府生态环境管理部门委托的其他生态环境监测与调查技术支持工作。

考虑西部发展和扶贫需要的资金缺口巨大，地方政府基本上没有余钱去购买环境监测社会化服务。对这些地区，应加强垂直的环境机构政府监测业务的托底。

6.2.3.3 社会监测事权的划分

1. 社会生态环境监测的依据

根据《环境保护法》和国务院办公厅《关于政府向社会力量购买服务的指导

意见》(国办发〔2013〕96 号)精神，引导社会力量广泛参与环境监测，规范社会环境监测机构行为，促进环境监测服务社会化良性发展，2015 年 2 月 5 日，环境保护部印发了《关于推进环境监测服务社会化的指导意见》(环发〔2015〕20 号)，意见指出要全面放开服务性监测市场，有序放开公益性、监督性监测领域，扶持环境监测行业协会或第三方机构发展。

《关于推进环境监测服务社会化的指导意见》提出“坚持从实际出发，放宽准入条件，充分发挥政府的主导作用和市场在资源配置中的决定性作用，激励社会环境监测机构提供监测服务供给”和“积极培育环境监测服务市场，营造公平竞争的市场环境，有序放开环境监测服务业务领域，推动环境监测服务社会化工作稳步开展”的原则。并明确要求：“全面放开服务性监测市场。凡适合社会力量承担的服务性环境监测业务，要创造条件，全面放开。鼓励社会环境监测机构参与排污单位污染源自行监测、环境损害评估监测、环境影响评价现状监测、清洁生产审核、企事业单位自主调查等环境监测活动，推进环境监测服务主体多元化和服务方式多样化。” 要求：“有序放开公益性、监督性监测领域。各级环境保护行政主管部门所属环境监测机构应认真做好所承担的政府监测职能，包括环境质量监测、预报预警、跨境水体监测、履约监测、污染源监督性监测、突发环境事件应急监测，以及环境执法、环境质量目标责任考核、排污费征收、总量核算等环境监管中的监测工作。同时，可以根据财政部、民政部和工商总局关于政府购买服务的总体要求，将社会环境监测机构能够承担，又不影响公平公正原则的相关业务，积极稳妥、因地制宜地向社会环境监测机构有序放开，包括环境质量自动监测站和污染源自动监测设施的运行维护、固体废物和危险废物鉴别等监(检)测业务。” 指出，“凡适合社会力量承担的，环境保护行政主管部门均可依据本行政区实际，选择采取委托、承包、采购、名录管理等方式交由社会力量承担。”《生态环境监测网络建设方案》亦明确提出：“积极培育生态环境监测市场。开放服务性监测市场，鼓励社会环境监测机构参与排污单位污染源自行监测、污染源自动监测设施运行维护、生态环境损害评估监测、环境影响评价现状监测、清洁生产审核、企事业单位自主调查等环境监测活动。在基础公益性监测领域积极推进政府购买服务，包括环境质量自动监测站运行维护等。环境保护部要制定相关政策和办法，有序推进环境监测服务社会化、制度化、规范化。”

此外，广东、江苏、山东等省分别印发了《广东省环境保护厅关于推进广东省环境监测社会化改革试点的指导意见》(粤环〔2015〕8号)、《江苏省社会环境检测机构环境监测业务能力认定管理办法(试行)》、《山东省环境保护厅关于建设项目竣工环境保护验收监测社会化试点机构申报和认定工作的通知》等,支持环境监测社会化改革。

2. 监测社会化的必要性及意义

(1) 监测社会化的必要性

一是企业自身常常没有足够的技术实力来自行监测,或者由于其自行监测缺乏一定的规模,相对效率较低。

二是随着社会经济和生态文明的建设发展,面临越来越繁重的监测任务,如果都由政府提供监测,一方面是政府将不堪重负;另一方面是效率不足,而且还可能因为政企不分带来种种矛盾。

三是随着我国市场经济的发展,尤其是加入 WTO 已近 18 年,对技术服务市场的开放已成为必然要求。

(2) 监测社会化的意义

环境监测服务的社会化既是加快政府环境保护职能转变、提高公共服务质量和效率的必然要求,也是理顺环境保护体制机制、探索环境保护新路的现实需要。引导社会环境监测机构进入环境监测的主战场,提升政府购买社会环境监测服务水平,有利于整合社会环境监测资源,激发社会环境监测机构活力,形成环保系统环境监测机构与社会环境监测机构共同发展的新格局。

3. 第三方市场主体社会监测事权的确定

根据环境事权的分析及多元监测主体事权划分的思路,结合上述规定,第三方市场主体社会监测的事权应包括以下方面:

(1) 环境质量自动监测站和污染源自动监测设施的运行维护。

(2) 排污单位污染源自行监测。

(3) 环境损害评估监测。

(4) 环境影响评价现状监测。

(5) 固体废物和危险废物鉴别等监(检)测业务。

(6) 企事业单位自主调查等其他环境监测活动。

6.3 环境监测事权的横向划分

6.3.1 环境监测横向体系的建设目标

1. 总体目标

形成适应我国生态文明建设要求，能够切实为生态环境管理提供依据，保障生态环境安全，监管有力、覆盖全面、职能匹配、职责清晰、协作顺畅的政府各部门间分工监测体系。

2. 主要目标

(1) 形成覆盖全面、职能匹配、职责清晰的政府各部门间分工监测体系。

(2) 形成协作顺畅的政府各部门间分工协作监测体系。

(3) 形成监管有力的政府生态环境监测体系。

(4) 形成能够切实为生态环境管理提供依据，保障生态环境安全的政府生态环境监测体系。

6.3.2 环境监测事权横向划分的基本思路

1. 依据主要管理职能安排部门间的监测事权

生态系统具有整体性，同时，组成生态系统的各环境要素具有相对独立性，各要素的管理又分属于不同的政府管理部门。因此，整体生态环境的监测网络需要依据各自主要管理职能安排部门间的监测事权，合理界定各部门的事权边界。环境保护部门监测机构的主要任务是实施环境质量监测、污染源监督性监测和突发环境污染事件应急监测等，为环境保护行政主管部门制订、实施各项环境管理政策、法规、标准，进行环境监督管理以及编写环境质量状况和发布环境监测信息提供各种环境监测数据和资料。其他部门监测机构由其主管部门直接领导，根据各自行政管理主要职能，分别开展自身相关生态环境要素的监测工作。

2. 环境保护部门监测机构实施监测统一协调事权

生态系统的整体性客观上要求开展综合系统的环境监测,但多要素的监测客观上又分散于不同部门,因此有必要形成环境监测的统一协调事权。环境保护部门监测机构是提供环境监测监督数据和资料的主体,是各级政府和主管部门强化环境规划、协调、监督和服务职能的重要阵地。因此,应健全环境监测协调机制,确立环境保护部门监测机构作为环境监测工作牵头单位的地位,行使统一协调、监督管理职能,形成环境保护部门监测机构统一协调监督、其他部门监测机构分工合作的协调机制。地方各级环境保护部门监测机构,按照国家环境监测机构建设标准组织实施环境监测能力建设,依法组建环境监测网络,建立网络管理制度,组织网络运行管理。其他部门监测机构在环境保护部门的统一规划下,按照分工负责的原则依法实施各自领域的监测工作,并主动协调与地方环境保护主管部门及其监测管理机构的关系,接受地方环境保护部门所属环境监测机构的业务指导和监督检查。

6.3.3 环境监测管理事权横向划分的方案设计

根据不同监测管理事权的需要,考虑部门间监测事权的配置与协作规律,本研究得出以下不同监测管理事权横向划分的方案。

1. 监测管理事权横向划分方案设计一

设立统一的生态环境监测调查局,统一行使政府行政监测管理的职能。即将政府部门所掌握的所有与生态环境监测相关的管理事权全部交给一个新的管理部门(可命名为生态环境监测调查局),由这个新的部门独立行使政府行政监测管理职能,类似于对经济社会等发展数据统一统计、管理和发布的统计局的模式。这一新部门的设立可以为我国大的资源环境综合管理提供监测及调查数据的支撑。该部门行使事权包括:对各项监测工作实施事前、过程及事后的质量控制与监督检查在内的监测质量管理事权;包括环境监测人员资质管理及技术培训、环境监测实验室资质管理及环境监测网建设和运行在内的人事与机构建设管理事权;包括环境监测技术规范、方法以及标准研究发布的环境监测领域的科技标准事权。

2. 监测管理事权横向划分方案设计二

由国家质量监督检验检疫总局(以下简称质监局)、国家标准化管理委员会

(以下简称标准委)行使统一的监测质量监督管理与技术标准管理职能,同时由各部门行使部门内部监测质量管理、技术标准管理以及环境监测人事与机构建设管理事权。由质监局新设监测检测管理司,负责环境监测工作的质量控制与质量保证工作,组织环境监测数据质量的监督检查工作,负责全程序质量管理体系建设和实验室质控工作,负责计量认证和持证上岗考核工作以及环境监测人员和实验室的资质管理。由标准委强化环境监测技术规范的标准化建设与管理职能,加强环境监测方面的标准管理。同时,各部门根据自身的职能行使部门内部的监测质量管理、技术标准管理以及环境监测人事与机构建设管理事权。

3. 监测管理事权横向划分方案设计三

各部门行政机关设监测管理部门,行使本部门生态环境监测的管理职能。该方案基本不改变环境监测管理事权的现状,由各部门根据自身的职能独立行使部门内部的监测质量管理、技术标准管理以及环境监测人事与机构建设管理事权。

4. 监测管理事权横向划分方案的比较

对上述三个方案进行比较分析,方案一的优点是有专门的机构统一行使政府行政监测管理职能,可有效保证其独立性,避免行政主管部门对监测工作的干扰,同时通过技术性的管理,能更充分尊重监测工作的基本规律,提高整个监测工作的科学性;其缺点则是管理权限过于局限,作为相对单纯的技术管理系统,可能带来工作的片面性,增加了该机构与各部门管理需求衔接的成本。方案二由国家质量监督检验检疫总局、国家标准化管理委员会行使统一的监测质量监督管理与技术标准管理职能,同时由各部门行使部门内部监测质量管理、技术标准管理以及环境监测人事与机构建设管理事权。其优点是不新设机构,只是通过对既有机构的微调实现监测管理的相对独立性和科学性;其缺点则是管理权限分类设在不同部门,存在部门协调的新要求。方案三的优点是基本不需要进行管理事权调整;其缺点是管理权限过于分散。作为相对单纯的技术系统,分散的管理权限一方面导致省级监测机构无法综合各方面因素考虑全省范围内的监测工作安排;另一方面也导致基层监测机构既无力管理,又分散了本就不足的监测人力资源,影响其监测事项的开展。

综合考虑各方案的优劣势,本研究建议选择方案二。

6.3.4 环境监测事权横向划分的方案设计

根据不同监测事权的特点，考虑横向部门间的职能以及部门间事权的配置与协作规律，本研究得出以下不同的事权横向划分方案。

1. 环境监测事权横向划分方案设计一

设立统一的生态环境监测中心，由独立的生态环境监测中心统一行使政府行政监测事权，负责各项生态环境监测工作。

与生态环境监测局独立行使环境监测管理事权相对应的是设立统一的生态环境监测中心，将分散在各部门的相关生态环境监测事权全部集中到该中心。由独立的生态环境监测中心统一行使政府行政监测事权，全面负责包括大气环境、地表水环境、饮用水源地水质、地下水环境、土壤环境、声环境、海洋环境，生态的土地利用、沙化、荒漠化、水土流失以及排放污水、废气等在内的各项生态环境监测工作。

2. 环境监测事权横向划分方案设计二

在各部门分设生态环境监测分中心，行使相关部门的行政环境监测职能。

3. 环境监测事权横向划分方案的比较

对上述两个方案进行比较分析，本研究认为方案一的优点在于责任明确，可以发挥独立中心的技术和规模优势，同时可以避免行政主管部门对监测工作的干扰；缺点在于由于监测整体与相关行政主管部门分离，可能使得监测工作偏向于技术化，对管理支撑的针对性会相对地被削弱，同时对现行模式改变较大，具体实施牵涉到大量部门、人力及仪器设备等的整合，需要花费较多精力，而且将使各部门失去自己独立的监测支撑机构，遇到的阻力会较大，推行难度较高。方案二的优点在于各部门责任明确，监测工作具有较强的专业优势，可以较好地服务于行政主管部门的管理要求；缺点在于由于各监测机构受制于其所属的行政主管部门，造成行业隔膜，难以通力协作并在整体上形成合力，在一定程度上影响监测工作的效率，同时监测工作安排也主要从部门职能方面考虑，缺乏从总体上对生态系统监测的综合性考虑，容易形成监测内容的遗缺。

综合考虑各方案的优劣势，本研究推荐方案二，并建议通过在监测管理和监测应用领域建立补充机制，来解决该方案的不足。

6.3.5　环境监测应用事权横向划分的方案设计

监测应用事权主要包括生态环境质量信息化与发布、生态环境状况评估与风险评估、生态环境承载力评估等。根据不同监测应用事权的特点，考虑横向部门间的职能以及部门间事权的配置与协作规律，本研究得出以下不同的事权横向划分方案。

1. 环境监测应用事权横向划分方案设计一

由统一的生态环境监测中心进行数据分析应用，为我国整体生态环境安全提供监测应用服务。与生态环境监测局独立行使环境监测管理事权相对应的是设立统一的生态环境监测中心，将分散在各部门的相关生态环境监测应用事权全部集中到该中心。由独立的生态环境监测中心统一行使政府行政监测应用事权，全面负责包括各项生态环境监测报告的编制与发布、综合生态环境监测数据库的建设与信息发布、生态环境状况评估与风险评估报告的编制与发布、生态环境承载力评估报告的编制与发布等。

2. 环境监测应用事权横向划分方案设计二

由分设于各部门的生态环境监测分中心开展适用于部门管理职能需求的数据分析应用。

同时，基于环境保护部门对生态环境的统一监管需要，由环保部门生态环境监测分中心对各部门生态环境监测分中心形成的监测应用成果进行综合。

3. 环境监测应用事权横向划分方案的比较

对上述两个方案进行比较分析，本研究认为方案一的优点在于责任明确，可以发挥独立中心的技术和规模优势，同时可以避免行政主管部门对监测应用工作的干扰；缺点在于由于监测整体与相关行政主管部门分离，可能使得监测应用工作偏向于技术化，对管理支撑的针对性会相对地被削弱。方案二的优点在于相对改革力度较小，基本无须调整，难度不大，同时可以发挥监测应用的专业优势，对行政主管部门的针对性、支撑性较强；缺点是综合协调工作的难度较大。

综合考虑各方案的优劣势，本研究推荐方案二，并建议通过在监测管理领域建立补充机制来解决该方案的不足。

6.4 环境监测事权的纵向划分

6.4.1 环境监测纵向体系的建设目标

1. 总体目标

形成适应我国生态文明建设要求，能够切实为生态环境管理提供依据，保障生态环境安全，监管有力、覆盖到底、职能匹配、职责清晰、协作顺畅的各层级政府间的分级监测体系。

2. 主要目标

（1）形成职能匹配、与环境管理要求相适应的分级合理的各层级生态环境监测体系。

（2）形成覆盖全面、职责清晰的各层级政府间生态环境监测体系。

（3）形成高效、协作顺畅的各层级政府间生态环境监测体系。

6.4.2 环境监测事权纵向划分的基本思路

环境监测属于中央及地方各级共同事权，因此须视具体任务而由中央、地方某级监测机构或上下级监测机构共同承担相应的监测事权。

1. 优化决策层，减少中间层，强化执行层

在省、市、县环境监测机构的组织体系中，应根据现代组织理论，优化决策层，减少中间层，强化执行层。即优化省环境监测中心站的决策与管理职能，提高其统一决策和监管的水平；减少市级环境监测站上传下达的管理职能，一方面提升其自身少量保留的决策权的决策水平，另一方面更注重强化其二级站的实际监测能力；强化县级环境监测站的污染源监督性监测、本区域内的应急与执法性监测等监测执行职能，加强其监测能力。

2. 根据履责效率划分不同层级的监测事权

地方监测机构对本区域内居民的公共产品需求偏好、数量、质量、结构等相

关信息的了解和掌握程度较高，地方监测机构在提高公共服务效率方面具有优势。因此，从效率优先的角度讲，应尽可能下移污染源监督性监测、本区域内的应急与执法性监测等监测事权。

3. 自上而下强化各级监测的应用事权

监测应用事权已经越来越成为政府环境监测机构监测事权的新内容和新要求，在省、市、县环境监测机构的组织体系中，越高层级的机构掌握的监测数据越丰富，同时监测人员技术水平越高，其数据分析与应用能力越强，因此，应自上而下强化各级监测应用事权，强化监测对环境管理的支撑作用。

6.4.3　环境监测事权纵向划分的方案设计

根据不同监测事权，考虑纵向间不同集权与分权强度，本研究提出以下事权纵向划分方案。

6.4.3.1　环境监测管理事权纵向划分的方案设计

1. 环境监测管理事权纵向划分方案一

该方案仅保留省级环境监测管理事权，即省级统一行使监测管理事权，市县级主要行使监测事权，即市县根据条件开展不同的监测活动，二者之间没有领导、从属关系。总体上构成省—市/县环境监测站模式。省级环境监测管理事权主要包括监测质量管理事权、人才与机构建设事权和科技标准事权。

（1）监测质量管理事权。省级环境监测机构对各项监测工作实施事前、过程及事后的质量控制与监督检查。负责环境监测工作的质量控制与质量保证工作，负责拟订环境监测网络的质量控制工作计划与监督实施；组织环境监测数据质量的监督检查工作，负责全程序质量管理体系建设和实验室质控工作，制订质量管理体系文件并监督实施，负责计量认证和持证上岗考核工作，管理 CMA 印章。

（2）人才与机构建设事权。人才与机构建设事权主要包括环境监测人事权与培训资质管理、环境监测实验室建设与资质管理、监测网络布点与建设等。省级环境监测机构对全省环境监测系统的人事与机构建设负责，决定各市县环境监测机构的人事安排。开展全省环境监测系统监测人员资质培训，统一负责各地环境监测实验室建设与资质管理。同时，根据全省各地自然地理条件、社会经济发展特征、行政区划等确定加密的省控监测网络布点，并负责监测网络的建设。

（3）科技标准事权。科技标准事权主要包括对环境监测技术方法的研究和环境监测技术标准的制定等。省级环境监测机构根据本省自然环境特征及社会经济条件，研究制定适合本省的环境监测技术标准，研发环境监测技术方法。

考虑实际工作需要，应部分授权市、县级环境监测机构对本机构开展的监测活动进行质量管理，管理 CMA 印章。

2. 环境监测管理事权纵向划分方案二

该方案仅保留省、市两级环境监测管理事权，即省级统一行使监测管理事权，市级部分行使监测管理事权，县级行使监测事权；即市级保留一定管理权，领导、指导县级监测工作。总体上构成省—市—县环境监测站模式。省级环境监测管理事权主要包括监测质量管理事权、人才与机构建设事权和科技标准事权；市级环境监测管理事权包括部分监测质量管理事权和人才与机构建设事权。

（1）省级环境监测管理事权

① 监测质量管理事权。省级环境监测机构对各项监测工作实施事前、过程及事后的质量控制与监督检查。负责环境监测工作的质量控制与质量保证工作，负责拟订环境监测网络的质量控制工作计划与监督实施；组织环境监测数据质量的监督检查工作，负责全程序质量管理体系建设和实验室质控工作，制订质量管理体系文件并监督实施，负责计量认证和持证上岗考核工作，管理 CMA 印章。

② 人才与机构建设事权。省级环境监测机构对全省环境监测系统的人事与机构建设负责，决定各市环境监测机构的人事安排。开展全省环境监测系统监测人员资质培训，统一负责各地环境监测实验室建设与资质管理。同时，根据全省各地自然地理条件、社会经济发展特征、行政区划等确定省控监测网络布点，并负责监测网络的建设。

③ 科技标准事权。科技标准事权主要包括对环境监测技术方法的研究和环境监测技术标准的制定等。省级环境监测机构根据本省自然环境特征及社会经济条件，研究制定适合本省的环境监测技术标准，研发环境监测技术方法。

（2）市级环境监测管理事权

① 监测质量管理事权。市级环境监测机构对本区域各项监测工作实施事

前、过程及事后的质量控制与监督检查。负责环境监测工作的质量控制与质量保证工作，负责拟订环境监测网络的质量控制工作计划与监督实施；组织环境监测数据质量的监督检查工作，负责全程序质量管理体系建设和实验室质控工作，监督实施质量管理体系，管理 CMA 印章。

② 人才与机构建设事权。市级环境监测机构对市属环境监测系统的人事与机构建设负责，决定各县环境监测机构的人事安排。同时，根据全市各地自然地理条件、社会经济发展特征及行政区划等确定市控监测网络布点，并负责监测网络的建设。

考虑实际工作需要，部分授权县级环境监测机构对本机构开展的监测活动进行质量管理，管理 CMA 印章。

3. 环境监测管理事权纵向划分方案三

省、市、县各级行使各自的监测管理事权，即基本保持现有的模式。

4. 环境监测管理事权纵向划分方案的比较

对上述三个方案进行比较分析，本研究认为，方案一即省—市/县模式的优点在于集中的扁平式管理，管理成本下降，避免了多级管理中的消耗；缺点在于省与市县环境监测机构直接的距离带来统一管理的难度，难以照顾到不同地区的社会经济和自然地理差异，可能带来统一决策未必适合所有地区的问题，从而影响决策的执行成效，并且改革力度较大，需要付出一定改革成本。方案二即省—市—县模式的特点在于改革力度相对适中，调整难度相对不大，管理层级数也适中，相应的管理成本也不是很高，因为管理权下放到市级，可以对下辖县区有较为具体的了解，决策针对性相对较优；缺点是仍存在中间决策管理层，带来一定的管理成本及行政消耗。方案三的优点在于改革力度相对较小，基本无须调整；缺点是管理权限过于分散，作为相对单纯的技术系统，分散的管理权限一方面导致省级监测机构无法综合各方面因素考虑全省范围内的监测工作安排，另一方面也导致基层监测机构既无力管理，又分散了本就不足的监测人力资源，影响了其监测事项的开展，难以发挥省以下垂直管理的优势。

综合考虑各方案的优劣势（表 6-1），本研究认为总体上方案一最优，一般地区，尤其是省域范围不大的地区可选择该方案，建议通过在监测管理领域建立补充机制来解决该方案的不足。省域范围较大或差异较大、市级环境监测站能力较强的地区也可选择方案二。

表 6-1　环境监测管理事权纵向划分的方案设计

方　案	事权划分	适宜地区	推荐指数
方案一	省级统一行使监测管理事权，市县级行使监测事权，即市县根据条件不同开展监测活动，二者之间没有领导、从属关系	一般省份，尤其是省域范围不大的地区	★★★
方案二	省级统一行使监测管理事权，市级部分行使监测管理事权，县级行使监测事权	省域范围较大或差异较大、市级环境监测站能力较强的地区	★★
方案三	省、市、县各级行使各自的监测管理和监测事权		

6.4.3.2　环境监测事权纵向划分的方案设计

在环境监测事权纵向安排方面，《生态环境监测网络建设方案》明确提出了"环境保护部适度上收生态环境质量监测事权，准确掌握、客观评价全国生态环境质量总体状况。重点污染源监督性监测和监管重心下移，加强对地方重点污染源监督性监测的管理。地方各级环境保护部门相应上收生态环境质量监测事权，逐级承担重点污染源监督性监测及环境应急监测等职能"的要求。基于上述要求和前述划分原则及思路，本研究提出以下监测事权的纵向划分方案。

1. 环境质量监测事权的划分方案

环境质量监测是各级环境监测站提供的公益性公共服务监测事权，也是配合环境质量目标管理和环境保护目标责任考核的一项重要事权。为避免地方政府为政绩需要任意干预该项监测事权，根据环境监测工作新的发展要求，总体上本次设计遵循环境质量监测事权上收的原则。

(1) 环境质量监测事权划分方案一

省级负责省控点的环境质量监测，市级负责除国控、省控点外的所有环境质量监测，包括市控点、乡镇、农村环境质量监测。

(2) 环境质量监测事权划分方案二

省级负责省控点环境质量监测，市级负责各乡镇的环境质量监测，县级开展农村环境质量监测。

(3) 环境质量监测事权划分方案三

省级负责省控点环境质量监测，市级负责市控点环境质量监测，县级开展乡镇、农村环境质量监测。

此外，土壤等的监测根据监测能力的差异，可选择由省级及能力较强的部分市级监测站开展，各地县级监测站实施采样。

各级监测部门的国控、省控、市控点环境质量监测工作可委托第三方运行。

随着社会经济发展和生态环境监测网络的完善，应逐步加密省控、市控环境质量监测点，尤其是加大省控环境质量监测点的空间覆盖度，逐步向乡镇覆盖，市控环境质量监测点逐步向农村覆盖。

(4) 环境质量监测事权划分方案的比较

对上述四个方案进行比较分析(表 6-2)，本研究认为，方案一的优点在于全面上收了环境质量监测事权，可以发挥独立的技术监督作用，避免市县区及乡镇政府对环境质量监测工作的干扰，可有效维护环境质量考核的严肃性；缺点在于在目前省市控点的空间覆盖尚不足的条件下，市级站的任务会较重。方案二的优点在于同样上收了环境质量监测事权，可以发挥独立的技术监督作用，避免市县区及乡镇政府对环境质量监测工作的干扰，可有效维护环境质量考核的严肃性；缺点在于环境质量监测事权仍较为分散。方案三的优点在于上收了环境质量监测事权，避免市县区及乡镇政府对环境质量监测工作的干扰，能有效维护环境质量考核的严肃性；缺点在于环境质量监测事权较分散。

表 6-2　环境质量监测事权纵向划分的方案设计

方　案	事权划分	适宜条件	推荐指数
方案一	省级负责省控点环境质量监测，市级负责除国控、省控点外的所有环境质量监测，包括市控点、乡镇、农村环境质量监测	直辖市以及省域范围不大的省(如海南省)可选择，一般地区在省控、市控点完善空间覆盖后可选择	★★★
方案二	省级负责省控点环境质量监测，市级负责各乡镇的环境质量监测，县级开展农村环境质量监测	一般地区在省控、市控点未能较好覆盖之前可选择	★★☆
方案三	省级负责省控点环境质量监测，市级负责市控点环境质量监测，县级开展乡镇、农村环境质量监测	一般地区在市控点未能全面覆盖乡镇之前可选择	★★

综合考虑各方案的优劣势，本研究认为，在目前条件下总体上以方案一最优，直辖市以及省域范围不大的省（如海南省）可选择方案一，一般地区在省控、市控点完善空间覆盖后也可逐步考虑选择方案一；一般地区在市控点未能全面覆盖乡镇之前可选择后两个方案。

2. 污染源监督监测事权的划分方案

污染源监督监测是各级环境监测站为配合环境监察管理提供的公益性公共服务监测事权，也是开展精准治理和落实排污责任追究的一项重要事权。为避免地方政府为GDP增长，保护违法排污企业而任意干预该项监测事权，根据环境监测工作新的发展要求，总体上本次设计遵循污染源监督监测事权下放的原则。

(1) 污染源监督监测事权划分方案一

省级负责30万千瓦及以上火电厂的监督监测、国家及省确定的环境重点督查污染严重区域及污染源监督监测；市级负责30万千瓦及以上火电厂外国控、省控、市控重点污染源监督监测；县级开展其余企业污染源监督监测。下级环境监测机构协助上级机构开展相关污染源监督监测活动。

(2) 污染源监督监测事权划分方案二

省级一般不负责具体污染源监督监测，协助市级对国家及省确定的环境重点督查污染严重区域及污染源开展监督监测；市级负责国控、省控、市控重点污染源监督监测，重大专项执法活动监督监测及污染源特征污染物监督监测；县级负责企业污染源一般监督监测。下级环境监测机构协助上级机构开展相关污染源监督监测活动。

(3) 污染源监督监测事权划分方案三

省级不负责具体污染源监督监测；市级负责国控、省控、市控重点污染源监督监测，重大专项执法活动监督监测及污染源特征污染物监督监测；县级负责企业污染源一般监督监测。下级环境监测机构协助上级机构开展相关污染源监督监测活动。

(4) 污染源监督监测事权划分方案的比较

对上述三个方案进行比较分析（表6-3），本研究认为，方案一的优点在于逐级分权，可以发挥各级监测机构的能力，充分发挥省级监测站的技术优势，可以在一定程度上避免地方对监督监测工作的干扰；缺点在于省级环境监测站可能陷于过于具体的项目监测工作，影响其发挥整体协调以及深度支撑的功能。方案二的优点在于相对逐级分权，可以发挥各级监测机构的能力，充分发挥省级监测站的技术优势，可以在一定程度上避免地方对监督监测工作的干扰；缺点在于在一定程度上分散了省级环境监测站的精力，且由于省域范围过大，由省环境监测站赴各地开展监督监测会在一定程度上影响工作效率。方案三的优点在于将监督监测事权下移，有利于提升监督监测的效率，同时有利于省级监测机构集中力量发挥其整体协调以及深度支撑的功能；缺点在于是否应由省级环境监测站负责 30 万千瓦及以上火电厂的监督监测，需要国家明确相关政策。

表 6-3 污染源监督监测事权纵向划分的方案设计

方 案	事权划分	适宜地区	推荐指数
方案一	省级负责 30 万千瓦及以上火电厂的监督监测、国家及省确定的环境重点督查污染严重区域及污染源监督监测；市级负责 30 万千瓦及以上火电厂外国控、省控、市控重点污染源监督监测；县级开展其余企业污染源监督监测	西部地区地方环境监测能力不足的省份	★★
方案二	省级一般不负责具体污染源监督监测，协助市级对国家及省确定的环境重点督查污染严重区域及污染源开展监督监测；市级负责国控、省控、市控重点污染源监督监测、重大专项执法活动监督监测及污染源特征污染物监督监测；县级负责企业污染源一般监督监测	一般地区	★★★
方案三	省级不负责具体污染源监督监测；市级负责国控、省控、市控重点污染源监督监测、重大专项执法活动监督监测及污染源特征污染物监督监测；县级负责企业污染源一般监督监测	东部市级环境监测能力较强的地区	★★☆

综合考虑各方案的优劣势，本研究认为总体上方案二最优，一般地区可选择该方案；西部一些市级监测能力不足的省（自治区）可选择方案一；东部市级环境监测能力较强的地区可选择方案三。

3. 环境应急监测事权的划分方案

环境应急监测是各级环境监测站为应对环境突发事件提供的公益性公共服务监测事权，也是保护生态环境安全以及群众健康的一项重要紧急事权。根据环境监测工作发展的新要求，总体上本次设计遵循环境应急监测事权按区域及等级安排的原则。

(1) 环境应急监测事权划分方案一

省级负责跨省市应急监测,市级负责跨市县应急监测,县级负责域内应急监测。下级环境监测机构协助上级机构开展相关应急监测活动。

(2) 环境应急监测事权划分方案二

省级负责特大环境事故应急监测,市级负责较大环境事故应急监测,县级负责一般环境事故应急监测。下级环境监测机构协助上级机构开展相关应急监测活动。

(3) 环境应急监测事权划分方案三

省级负责跨省市应急监测以及特大环境事故应急监测,市级负责跨县应急监测以及较大环境事故应急监测,县级负责域内一般环境事故应急监测。下级环境监测机构协助上级机构开展相关应急监测活动。

(4) 环境应急监测事权划分方案四

省级负责跨省市应急监测,指导开展特大环境事故应急监测,市级负责跨县应急监测,指导开展较大环境事故应急监测,县级负责域内一般环境事故应急监测。下级环境监测机构协助上级机构开展相关应急监测活动。

(5) 环境应急监测事权划分方案的比较

对上述四个方案进行比较分析(表 6-4),本研究认为,方案一的出发点是区域原则,即对跨境的环境应急事件,其优点在于由上级环境监测机构负责应急监测,从而在一定程度上可以避免地方对监测工作的干扰;缺点在于没有能够区分环境应急事件本身的等级,市县级环境监测站可能会遇到一些无法有效开展特大/较大环境事故的应急监测。方案二的出发点是事故级别原则,即等级越高的环境突发事件,由级别越高的环境监测机构负责应急监测,从而在一定程度上形成对应的事权关系,其优点是可以充分发挥各级监测站的技术能力;缺点在于对一些跨境事故的事权可能缺乏必要的协调和利益回避机制。方案三的优点在于结合了区域原则和事故级别原则,既可有效避免地方对监测工作的干扰,又可以充分发挥各级监测站的技术能力;缺点是这样的划分让省级监测机构承担了较多事权,在一定程度上影响了工作效率。方案四的优点在于同样结合了区域原则和事故级别原则,避免了地方对监测工作的干扰,在充分发挥各级监测站技术能力的同时,相对于方案三又在一定程度上降低了上级环境监测机构的工作压力,提高了工作效率。

表 6-4　环境应急监测事权纵向划分的方案设计

方　案	事权划分	适宜地区	推荐指数
方案一	省级负责跨省市应急监测，市级负责跨县应急监测，县级负责域内应急监测		
方案二	省级负责特大环境事故应急监测，市级负责较大环境事故应急监测，县级负责一般环境事故应急监测		
方案三	省级负责跨省市应急监测以及特大环境事故应急监测，市级负责跨县应急监测以及较大环境事故应急监测，县级负责域内一般环境事故应急监测	直辖市、西部地方监测能力不足或省域范围较小的地区	★★☆
方案四	省级负责跨省市应急监测，协助开展特大环境事故应急监测，市级负责跨县应急监测，协助开展较大环境事故应急监测，县级负责域内一般环境事故应急监测	一般地区	★★★

综合考虑各方案的优劣势，本研究认为，总体上方案四最优，一般地区可选择该方案；西部一些市级监测能力不足的省（自治区）、直辖市，以及省域范围不大的省（自治区）也可选择方案三。

6.4.3.3　环境监测应用事权纵向划分的方案设计

1. 环境监测应用事权纵向划分方案一

省级环境监测站负责全省省—市—县及区域与流域主要的报告编制和网络信息，负责省级、市县级以及区域流域与生态承载力研究等。

2. 环境监测应用事权纵向划分方案二

省级环境监测站负责全省及主要区域、流域的报告编制和网络信息，负责省级生态承载力研究等；市级环境监测站负责市县级报告编制和网络信息，负责市县级生态承载力研究等。

3. 环境监测应用事权纵向划分方案三

省级环境监测站负责全省及主要区域、流域的报告编制和网络信息，负责省级生态承载力研究等；市级环境监测站负责市级报告编制和网络信息，负责市县级生态承载力研究等；县级环境监测站负责县级报告编制和网络信息。

4. 环境监测应用事权纵向划分方案四

各级环境监测站负责本级环境质量报告书的编制和网络信息，负责本级生态承载力研究等。

5. 环境监测应用事权纵向划分方案的比较

对上述四个方案进行比较分析(表 6-5)，本研究认为，方案一将全省监测应用事权全部集中到省级环境监测站，有利于充分利用省级环境监测站的技术与组织优势；这一方案的缺点是应用事权过于集中，对市县生态环境分析应用缺乏在地需求的了解，更强调工作本身的技术性，可能缺乏针对性。方案二的特点在于可充分利用省级环境监测站的技术与组织优势，将主要的监测应用事权全部集中到省级环境监测站，同时，将市县部分监测应用事权下放到市级环境监测站，从而提高监测应用的针对性。方案三的特点在于对现状纵向事权格局调整不大，监测应用事权适度上收，对行政主管部门的针对性、支撑性较强。方案四的特点在于基本保留纵向现状事权格局，无须调整，相对改革力度较小，对行政主管部门的针对性、支撑性较强；缺点是一些县级以及部分市级监测站在技术上缺乏足够的能力，可能影响工作质量。

表 6-5　环境监测应用事权纵向划分的方案设计

方　案	应用事权划分	适宜地区	推荐指数
方案一	省级环境监测站负责全省省—市—县及区域与流域主要报告书的编制和网络信息，负责省级、市县级以及区域流域与生态承载力研究等	西部一些市级监测能力不足的省份、直辖市，以及省域范围不大、自然地理与社会经济条件较为均衡的省份	★★
方案二	省级环境监测站负责全省及主要区域、流域报告书的编制和网络信息，负责省级生态承载力研究等；市级环境监测站负责市县级报告书的编制和网络信息，市县级生态承载力研究等	一般地区	★★★
方案三	省级环境监测站负责全省及主要区域、流域报告书的编制和网络信息，负责省级生态承载力研究等；市级环境监测站负责市级报告书的编制和网络信息，市县级生态承载力研究等；县级环境监测站负责县级报告书的编制和网络信息	全省各县域社会经济发展水平均较高的地区	★
方案四	各级环境监测站负责本级环境质量报告书的编制和网络信息，负责本级生态承载力研究等		

综合考虑各方案的优劣势，本研究认为，总体上方案二最优，一般地区可选择该方案；西部一些市级监测能力不足的省（自治区）可选择方案一，直辖市以及省域范围不大、自然地理与社会经济条件较为均衡的省（自治区）也可选择方案一；全省各县域社会经济发展水平均较高的地区可选择方案三。

6.4.4　环境监测事权纵向划分方案的建议

1. 省级监测事权

（1）省环境监测中心站事权

省级环境监测管理事权主要包括监测质量管理事权、人才与机构建设事权和科技标准事权。

① 监测质量管理事权。负责环境监测工作的质量控制与质量保证工作，负责拟订环境监测网络的质量控制工作计划与监督实施；组织环境监测数据质量的监督检查工作，负责全程序质量管理体系建设和实验室质控工作，制订质量管理体系文件并监督实施，负责计量认证和持证上岗考核工作，管理CMA印章。

② 人才与机构建设事权。对全省环境监测系统的人事与机构建设负责，决定各市县环境监测机构的人事安排。开展全省环境监测系统监测人员的资质培训，统一负责各地环境监测实验室的建设与资质管理。同时，根据全省各地自然地理条件、社会经济发展特征、行政区划等确定加密的省控监测网络布点，并负责监测网络的建设。

③ 科技标准事权。省级环境监测机构根据本省的自然环境特征、社会经济条件，研究制定适合本省的环境监测技术标准，研发环境监测技术方法。

④ 质量监测事权。省级负责省控点环境质量监测。

⑤ 污染源监督监测事权。一般不负责具体污染源的监督监测，协助市级对国家及省确定的环境重点督查污染严重区域及污染源开展监督监测。

⑥ 应急监测事权。省级负责跨省市应急监测，协助开展特大环境事故应急监测。

⑦ 监测应用事权。负责全省及主要区域、流域的报告编制和网络信息，负责省级生态承载力研究等。

(2) 省环境监测监察稽查总队事权

对全省环境监测机构的环境监测活动开展稽查考核管理。

2. 市级监测事权

(1) 市环境监测站事权

① 监测质量管理事权。对本机构开展的监测活动进行质量管理,管理CMA印章。

② 质量监测事权。负责除国控、省控点外的所有环境质量监测,包括市控点、乡镇、农村环境质量监测。

③ 污染源监督监测事权。负责国控、省控、市控重点污染源的监督监测、以及重大专项执法活动监督监测及污染源特征污染物的监督监测。

④ 应急监测事权。负责跨县应急监测,协助开展较大环境事故的应急监测。

⑤ 监测应用事权。负责市县级的报告编制和网络信息,市县级生态承载力研究等。

(2) 市环境监测监察稽查支队事权

负责对市域内各级环境监测活动开展稽查考核管理。

3. 县环境监测站事权

① 监测质量管理事权。对本机构开展的监测活动进行质量管理,管理CMA印章。

② 污染源监督监测事权。负责企业污染源的一般监督监测。

③ 应急监测事权。县级负责域内一般环境事故的应急监测。

第七章
环境监察垂直管理下事权的划分

7.1 对环境监察事权的梳理

7.1.1 对环境监察的特性分析

1. 环境监察的定义

根据《环境监察办法》第二条的定义，环境监察是指环境保护主管部门依据环境保护法律、法规、规章和其他规范性文件实施的行政执法活动。具体说就是环境监察机构在各级环境保护行政主管部门的领导下，依法对辖区内一切单位和个人履行环保法律、法规，执行环境保护各项政策、标准的情况进行现场监督、检查、处理的行政执法活动。环境监察将现场监督检查工作统一起来，开展强有力的、高效的现场执法活动，保障环境监督管理职责的实现。因此环境监察是环境监督管理中的重要组成部分。

2. 环境监察的特点

根据环境监察的职能及其在环境管理中的作用，环境监察具有以下特点：

(1) 委托性。委托性是指环境监察机构在环境保护行政主管部门领导下，受其委托在本辖区实施环境行政处罚工作。

(2) 直接性。环境监察承担现场监督执法活动，包括现场检查记录、取证，讯问被检查人，现场处置等。

(3) 强制性。环境监察通过执法工作的强制性，体现国家保护环境的意志。

(4) 及时性。环境污染活动的持续将带来污染物的持续排放，造成对生态环境的破坏与污染，这就决定了环境监察必须及时、快速、高效。

(5) 专业性。环境监察工作区别于一般监察执法活动，它是以环境科学知识为基础的一项专业性监察执法活动。它必须以环境科学知识识别监察对象的环境污染节点，了解环境污染特征，查清环境污染损害。必须以科学的监察获取准确的专业证据，以证据执法。

(6) 公正性。环境监察代表国家监督环保法规的执行情况，是从维护大多数人的长远利益出发的，这就要求环境监察执法要公正地因事处理。

3. 环境监察的任务

环境监察的核心任务是依法对辖区内污染源排放污染物的情况和对生态的破坏事件实施现场监督、检查，并参与处理，其核心是日常现场监督执法。此外，基于我国地方政府环境管理行为对环境的直接影响，我国环境监察还包括上级环保行政主管部门对地方政府环境管理行为的监察。

4. 环境监察的类型

环境监察的类型，按上述任务可分为以督企为主的环境执法和以督政为主的环境监察；按时间的不同可分为事前监察、事中监察和事后监察；按环境监察的活动范围可分为一般监察与重点监察；按环境监察的目的可分为守法监察与执法监察。

7.1.2 对环境监察事权的一般分析

本研究根据前述环境监察的概念、工作任务等，结合环境监察工作开展和系统建设，梳理环境监察事权。

1. 现行《环境监察办法》规定的监察事权

《环境监察办法》第六条明确规定了环境监察的具体事权：

(1) 监督环境保护法律、法规、规章和其他规范性文件的执行。

(2) 现场监督检查污染源的污染物排放情况、污染防治设施运行情况、环境保护行政许可执行情况、建设项目环境保护法律法规的执行情况等。

（3）现场监督检查自然保护区、畜禽养殖污染防治等生态和农村环境保护法律法规执行情况。

（4）具体负责排放污染物申报登记、排污费核定和征收。

（5）查处环境违法行为。

（6）查办、转办、督办对环境污染和生态破坏的投诉、举报，并按照环境保护主管部门确定的职责分工，具体负责环境污染和生态破坏纠纷的调解处理。

（7）参与突发环境事件的应急处置。

（8）对严重污染环境和破坏生态问题进行督查。

（9）依照职责，具体负责环境稽查工作。

（10）法律、法规、规章和规范性文件规定的其他职责。

2. 现行环境监察机构具体明确的相关职能

梳理现行各级环境监察机构的工作职责，还具有以下具体明确的相关职能：

（1）内部财务预算、固定资产及档案管理、政务信息公开等综合性事务与协调职能。

（2）环境监察能力建设、标准化建设和环境监察人员岗位培训等职能。

（3）上级环境监察机构负有环境保护执法工作的统一协调指导和监督职能。

（4）负有环境执法后督察、限期治理及挂牌督办职能。

（5）国家及省级环境监察局还负有拟订环境监察行政法规、部门规章、制度，监督环境保护方针、政策、规划、法律、行政法规、部门规章、标准的执行，拟定排污申报登记、排污收费、限期治理等环境管理制度的职责。

3. 理论上应调整的事权

（1）赋予环境损害鉴定评估职能

《环境保护法》第五十九条依据违法行为造成的直接损失处罚违法排污行为，《大气污染防治法》《水污染防治法》《固体废物污染环境防治法》都明确要求按照违法行为所造成的直接损失的一定比例进行罚款，因此，鉴定评估环境损害是保证处罚符合法律要求的必要前提。客观合理的环境损害鉴定是保证行政处罚公平公正的基石，只有通过严格的环境损害鉴定评估程序和科学的技术规范，确定准确的环境损害数额，确定合理的行政处罚，方可保障行政处罚的合理性，从而让行政相对人心悦诚服地接受处罚，才能减少行政复议与诉讼纠纷，维护行政处罚的权威性，强化环保部门的公信力。因此，应赋予环境监察部门环境损害鉴定评估职能，以提升监察工作的科学性、准确性和权威性。

(2) 剥离排污收费或税额核定职能

按照《环境监察办法》的规定，排污申报登记、排污费核定和征收是环境监察机构的重要职能之一。这是目前环境监察机构从事的一项经常性例行工作，也是一项典型的环境管理工作。按新环保法规定和中央关于全面推进依法治国的决定，下一步国家将出台环境税法，排污费将改为环境税，环境税的征缴将由税务部门负责(2018 年 1 月 1 日起，《中华人民共和国环境保护税法》已正式实施)。目前在环境税的征管模式设计中，环保部门将根据企业的排污量与税务部门共同核定企业的环境税额。根据新的《三定方案》，企业排污量的确认是由负责环境统计和排污许可证发放管理部门负责的。因此，应将市县排污费征缴或税额核定职能从环境监察部门剥离。

7.1.3 新形势下环境监察发展的新要求

1. 减政放权综合监管背景下的事权安排需求

2016 年 5 月 9 日，国务院召开全国推进简政放权放管结合优化服务改革电视电话会议。中共中央政治局常委、国务院总理李克强发表重要讲话。李克强指出，要推进政府监管体制改革。实施公正监管，全面推开和细化“双随机、一公开”模式，建立企业信用联合激励与惩戒机制。多头执法、重复检查、标准不一等痼疾加重了企业负担。要继续推进市县两级市场监管领域综合行政执法改革，建立执法联动响应和协作机制，实现违法线索互联、监管标准互通、处理结果互认，消除监管盲点，降低执法成本。

2. 环境监管体制改革背景下的事权安排需求

根据 2016 年全国环境保护工作会议的要求，“十三五”期间将严格环境执法监管。继续开展新《环境保护法》实施年活动，坚持重典治乱、铁拳铁规治污，在推动形成环保守法新常态的基础上，要全面落实随机抽查和抽查督查制度，省级环保部门对国家和省级重点监控企业的现场抽查督查要实现“全覆盖”。要按照《关于加强环境监管执法的通知》，加快违法违规建设项目清理工作，今年完成清理任务。继续强化与公安部门、检察机关和审判机关的衔接配合，严惩违法企业及责任人。要逐步建立覆盖各级环境监察机构的基础数据库，加快建设全国统一的实时在线环境监控系统。要加强执法机构规范化建设和队伍规范化管理，健全对执法人员的“正向激励—逆向约束”机制，提升执法水平。要推行精细化管理和网格化执法，层层落实环境监管和督查责任，建立“全面覆盖、层层履职、网格到底、责任到人”的环境监管模式。此外，为进一步加强环境保护工作，根据新环保法和《加快推进生态文明建设的意见》等要求，中央深化改革领导小组于2015年通过了《环境保护督察方案（试行）》，决定从2016年起，每两年左右对各省（自治区、直辖市）督察一遍。这是国家全面落实党委、政府环境保护“党政同责”“一岗双责”主体责任，深化党中央、国务院《生态文明体制改革总体方案》的重要举措，也对今后我国的环境监察工作提出了新的要求。

3. 垂直管理监察环保分离背景下可能的事权安排需求

目前，环境监察机构的任务繁杂，承担了相当多的环境管理职能。而实行环境监察垂直管理后，对目前环境监察机构承担的职能可能就需要重新考量，剥离部分环境管理职能，使之回归环境监管执法主业。

(1) 真正落实参与而不是主管环境应急职能

在国家环保部和省环保厅局层面，环境应急工作往往由环境应急中心来承担。在现实中，市县的环境应急工作大多是由环境监察机构承担的，环境应急成为环境监察机构主管的重要职能。但是，环境应急管理职能究竟如何安排仍值得探讨。

首先，从环境应急部门的具体职能分析，对国家和省级行政区来说，突发环境污染事故时有发生，甚至危害巨大，致使环保部和省环保厅的应急中心经常处于应急救火状态，但对于市县来说，突发环境污染事故是小概率事件。应急工作的重点在预防，是功夫在平时的环境风险控制，而不是应急处置。据研究者对县环保部门环境应急工作的调查统计，通常在环境监察大队内，1～2人兼职从事的应急工作主要有三块，一是评估企业环境应急预案，约占15%的工作量；二是日常风险防范措施的建立和完善、应急演练等，约占40%的工作量；三是突发环境事件的应急监测、处置、评估、修复等，约占5%的工作量；同时，兼带各类专项、联合执法检查等，哪里缺人，应急填补，此项约占40%的工作量。因此，对于市县环境应急，多数具体职能属于环境管理的范畴。其次，从政府应急工作管理方面分析，突发环境污染事件的应急处置是政府众多应急工作的内容之一，在政府和应急办的统一领导与指导下进行。环境突发事件的应急处置与政府众多部门相关，不是单单环保部门能做的，主要还是靠政府，大量的工作是协调。再次，从现行部门规章的角度看，《突发环境事件应急管理办法》第四条规定："突发环境事件应对，应当在县级以上地方人民政府的统一领导下，建立分类管理、分级负责、属地管理为主的应急管理体制。县级以上环境保护主管部门应当在本级人民政府的统一领导下，对突发环境事件应急管理日常工作实施监督管理，指导、协助、督促下级人民政府及其有关部门做好突发环境事件应对工作。"按《环境监察办法》的规定，环境监察机构的职能也是参与环境应急处置工作。

因此，在实行省以下环保监察执法垂直管理的背景下，随着市县环境监察机构和环保局的分离，有必要将环境应急职能从环境监察机构剥离，归口环保行政主管部门，以便更有效地开展工作，环境监察机构主要在必要的应急处置中参与处置工作。

(2) 剥离环境投诉、举报(信访)受理与处理职能

按《环境监察办法》的规定，受理与处理环境投诉、举报(信访)是环境监察机构的职能之一。目前，各地各级环保部门一般也均将环境投诉、举报(信访)的受理与处理工作归口在环境监察部门，作为公众反映和投诉环境问题的重要渠道之一的 12369 环境投诉专线，一般也均设在环境监察机构。但是，环境投诉、举报(信访)受理与处理职能究竟如何安排仍值得探讨。

首先，从环境投诉、举报(信访)处理的特征来看，环境投诉、举报(信访)涵盖环境保护的诸多方面，其受理与处理工作更多的是一种环境管理、社会管理工作。虽然环境监察机构通常是调查处理的主力，但从大数据分析上看，环境投诉、举报(信访)处理的关键是协调，而不是行政执法。在环境投诉、举报(信访)具体处理时，很多时候是和乡镇(街道)的环保员一起处理的，有时村委的同志也参与。有些环境信访表面看似"环境问题"，但投诉人的真正目的另有所指，像这类"拿环保说事"的信访由基层街道、村委做工作、调解的效果比硬生生的监管执法效果更好。其次，从现行部门规章角度看，《环境信访办法》(国家环境保护总局令第 34 号)第二条规定："环境信访是指公民、法人或者其他组织采用书信、电子邮件、传真、电话、走访等形式，向各级环境保护行政主管部门反映环境保护情况，提出建议、意见或者投诉请求，依法由环境保护行政主管部门处理的活动。"第五条规定："环境信访工作实行行政首长负责制。各级环境保护行政主管部门负责人应当阅批重要来信、接待重要来访，定期听取环境信访工作汇报，研究解

决环境信访工作中的问题，检查指导环境信访工作。”

因此，实施环境监察垂直管理后，环境投诉、举报（信访）的受理与处理工作可能需要由环境保护行政主管部门承担，环境监察部门配合开展相关工作。在工作运行中，应建立信息共享与联动配合机制，需要监察机构配合或承担的工作，监察机构要及时介入，开展监察执法工作。

（3）剥离排污收费职能

按《环境监察办法》的规定，排污申报登记、排污费核定和征收是环境监察机构的重要职能之一，也是目前环境监察机构从事的一项经常性例行工作。但是，排污收费是一项典型的环境管理工作。环保监察执法垂直管理后，应将该职能从环境监察机构中剥离出来，交由环保行政管理部门负责。国家出台环境税法后，排污费改为环境税，环境税的征缴将由税务部门负责。目前在环境税的征管模式设计中，环保部门将根据企业的排污量与税务部门共同核定企业的环境税额。而企业排污量的确认目前是由负责环境统计和排污许可证发放管理的部门——总量控制部门负责的，随着环保部新三定方案的实施，将由水、气、土专门管理部门负责。因此，该职能也应交由环保局负责，便于具体实施。

（4）赋予环境监察机构独立的行政处罚职能

按照目前的法律规定，地方环境监察机构并不具有相对独立的执法权，其执法权仍受委托执法的约束，在垂直管理以后将加强基层环境监察力量，保障一线执法能力，主要力量将隶属于县区环保分局。其行政处罚职能若仍归属于作为派出机构的县区环保分局，在法律上同样存在一定障碍，如果属于市级环保局，必然会加大执法过程中的流程距离，降低执法效率。因此，建议可参照公安部门的经验，直接赋予环境监察机构独立的行政处罚职能。

7.2　环境监察事权的横向划分

7.2.1　环境监察横向体系的建设目标

1. 总体目标

形成适应我国生态文明建设要求，能够切实为生态环境管理提供依据，保障生态环境安全，监管有力、覆盖全面、职能匹配、职责清晰、协作顺畅的政府各部门间分工的监察体系。

2. 主要目标

（1）形成覆盖全面、职能匹配、职责清晰的政府各部门间分工的监察体系。

（2）形成协作顺畅的政府各部门间分工协作的监察体系。

（3）形成监管有力的政府生态环境监察体系。

（4）形成能够切实为生态环境管理提供依据，保障生态环境安全的政府生态环境监察体系。

7.2.2 环境监察事权横向划分的基本思路

1. 依据主要管理职能安排部门间监察事权

生态系统的各环境要素具有相对独立性，各要素的利用及管理权又分属于不同的政府管理部门，因此，生态环境的监察执法需要依据各自主要管理职能安排部门间的环境监察事权。通过合理界定各部门的环境监察事权边界，形成既覆盖全面，又能充分发挥各部门优势的国家生态环境监察执法体系，以利于各部门充分利用自身的优势，在各自的管理权限内通过监察执法提高生态环境监管能力。既要避免相互之间执法权限的空隙带来监察执法缺位的问题，也要避免相互之间执法权限的重叠带来过度执法和重复执法的问题。

对于具有内在整体性、连续性的事务的监管执法，由多部门分段监管改为交由一个部门全程监管。如农作物秸秆禁烧工作，秸秆禁烧与农作物综合利用是紧密联系在一起的一个整体性工作，如果农作物综合利用与禁烧都由农业部门来管，更有利于工作的推进，更能取得成效。机动车尾气排放等移动源的执法监管也是如此。类似的监管执法都应交由其他主管部门去实施，以保证环保部门集中精力管好工业污染源，以及对相关部门监管执法工作的统一监督。

2. 涉及多部门，协调难度大的环境监察职能宜交给综合执法部门

《中共中央关于全面深化改革若干重大问题的决定》提出，要深化行政执法体制改革。整合执法主体，相对集中执法权，推进综合执法，着力解决权责交叉、多头执法问题，建立权责统一、权威高效的行政执法体制。因此，对专业性不强、技术含量低、涉及多个部门且协调难度大的那部分环境执法监管职能，宜交由一

个部门实行综合执法。如将环境保护管理方面的法律、法规、规章规定的对饮食服务业油烟污染、社会生活噪声污染、建筑施工噪声污染、各类城市施工(包括道路交通施工、建筑施工、园林绿化施工、市政建设施工等等)扬尘污染和违反规定在公共场所焚烧垃圾、落叶的行政处罚权,以及向城区河道、水面倾倒工业废渣、垃圾和其他废弃物的行政处罚权等环境监管事项纳入综合行政执法。对于纳入综合执法的执法监管事项,环保部门不再行使行政处罚权。对于群众的相关信访投诉,及时移交综合执法部门处理,并向群众做好说明解释工作。

3. 环境监察为环保部门实施统一监管提供强有力的支持

环境监察为环保部门实施统一监管提供强有力的支持。对于有着较强专业性、职能边界明晰的那部分环境监察工作,环境监察部门责无旁贷。如工业点源污染监管、建设项目验收等,必须由环保专业人员进行。要合理划分环境监察部门和环保行政管理部门之间的事权。明确环境监察必要的行政处罚权,如紧急控制权,金额较小的罚款;部分行政处罚权则应移交环保局,由环保局依法作出行政处罚,但是环境监察具有相关建议权;更大的刑事案件则由环境监察移交环保局,由环保局牵头协调监察、公安、检察院完成公诉事宜。

4. 在环保部门内部,根据需要确定事权

一是在环保部门内部,根据专业需要确定是否实行综合执法。如核与辐射,其监管执法工作高度专业,管理对象也高度敏感,宜仍保留在专门的核与辐射监管部门。二是对环境信访、环境应急等既涉及环境监察,又涉及环保综合管理的事权,宜根据需要分配事权。如环境投诉、举报(信访)的受理与处理工作一般归口在环境监察部门,作为公众反映和投诉环境问题的重要渠道之一的 12369 环境投诉专线,也多设在环境监察机构。尽管环境监察机构通常是调查处理的主力,但环境投诉、举报(信访)处理的关键是协调,相当部分环境信访表面看似“环境问题”,但投诉人的真正目的是另有所指,这类“拿环保说事”的信访由基层街道、村委调解的效果比简单环境执法的效果更好。因此,实施环境监察垂直管理后,环境投诉、举报(信访)的受理与处理工作可由环保局主要承担,相关工作由环境监察部门予以配合。

5. 加强与公安等部门协作,提升监察效率

环境监察需要独立执法,同时也需要联合执法,应给予公安部门相应事权,以形成环境联合执法格局,提升环境监察效率。

6. 加强公众参与，为环境监察提供社会支持

发动公众参与监督，以建立环保行政监管、企业内部管理和公众外部参与的三元环境监管机制。首先要公开污染源信息，引导公众和受害者参与环境执法调查、监督企业排污行为和收集违法排污信息。二要重视人民群众来信、来访线索，从中排查出环境违法事件和突出环境问题。三要引导和发挥公众舆论、新闻媒体的监督作用，对环境违法行为进行媒体曝光。四要发挥环保 NGO 组织的作用，参与环境监察的相关工作。最后，还要发挥公众对政府环保部门、环境执法机构的监督，规范环境执法行为。

7.2.3 环境监察事权横向划分的方案设计

环境监察事权横向划分包括部门间横向划分和部门内横向划分。部门间环境监察事权的横向划分涉及大部制等改革，不在本次研究范围之内，因此本研究主要考虑环保部门内部监察事权的横向划分。

根据环境监察工作需要，本研究得出环保部门间环境监察事权的以下横向划分方案。

1. 环境监察事权横向划分方案一

环境监察部门实施现场监察执法的监察事权，其余事权交由环保部门其余职能处室或机构负责。该方案将环境监察权限定为现场监察执法的监察事权，同时剥离原由环境监察机构归口管理的环境信访、应急等事权，使环境监察机构专心开展环境现场监察执法工作。监察跟监测一样，通过独立开展现场监察工作，将其收集到的信息反馈到局机关，再由局机关综合应用到决策管理中。监察机构对现场发现的违法排污行为或其他线索，除法律法规安排属于监察机构可以直接处理的情形外，进行同级流转，书面报告当地环保局，由其指定相应的内设机构研究，督促企事业单位整改或直接处罚。同时，将其报告上级环境监察部门。上级环境监察部门抽查涉事企事业单位的整改情况，督察下级环保局的响应情况。环保部门在受理与处理环境投诉、举报（信访）后，依照需要将其中的线索交办给环境监察机构进行现场监察执法。

2. 环境监察事权横向划分方案二

环境监察部门实施全面环境监察执法的监察事权，其余事权交由环保部门

其余职能处室或机构负责。该方案将环境监察权确定为实施全面企事业单位环境监察执法的监察事权。在赋予环境监察机构现场监察执法权以外，将环境违法的行政处罚权同时交给环境监察机构。根据查处分开的原则，目前在市、县级行政处罚的流程上，是环境监察机构进行现场执法——“查”，同级环保机关的法规处(科)依据法律法规的规定审核确定——“处”。在市、县(市、区)环境监察机构垂直管理、环保局与环境监察机构分设后，由市、县环境监察执法机构内设法制部门，负责对现场检查的问题按照法律法规要求进行审核确定。这样既符合行政处罚查处分离的原则要求，一旦出现复议、诉讼，也有明白无误的应对部门，能有效保障环境监察执法的正常进行。

3. 环境监察事权横向划分方案三

环境监察部门实施包括环境信访、应急事权等监察执法权的监察事权，其余事权交由环保部门其余职能处室或机构负责。该方案将环境监察权确定为一般监察执法的监察事权。保留现由环境监察机构归口管理的环境信访、应急等事权，使环境监察机构具有从问题发现到问题处理、问题解决等较为全面的监察执法能力。按《环境监察办法》的规定，环境投诉、举报(信访)的受理与处理是环境监察机构的职能之一。监察通过独立的受理与处理环境投诉、举报(信访)，以及现场巡查等监察工作发现的违法排污行为或其他线索，除法律法规安排属于监察机构可以直接处理的情形外，进行同级流转，书面报告当地环保局，由其指定相应的内设机构研究，督促企事业单位整改或直接处罚。按环保部《环境监察办法》的规定，环境应急也是环境监察机构的重要职能之一。相对于将受理与处理环境投诉、举报(信访)事权交给市县环保局，将受理与处理环境投诉、举报(信访)事权交给垂直管理的市县环境监察机构有利于快速做出反应，及时现场处置。考虑环境投诉、举报(信访)的处理不仅仅是单一执法问题，还常常需要多部门配合，运用综合的手段予以解决，因此，在此模式下，可构建相应的协作机制，一是在处理后将处理结果及时通报同级环保局，二是将需要进一步处置的事件移交环保局处置。该方案保留市县的环境应急事权并交由环境监察机构承担，可更好地利用环境监察机构对各污染源较为熟悉的优势，也有利于加强在日常巡查中的应急日常管理。同时，省级环境监察机构及其派出的督察机构具体承担督政中的前期技术工作，后期决定等由环保厅行使。

由于现有环境监察机构面对生态环境犯罪缺乏侦办能力，甚至缺乏自我保护能力，建议可组建生态环境警察队伍，以提升环保部门监察机构的执法能力，赋予其刑事调查权，以便及时应对各类环境违法犯罪行为，完成搜证工作，同时提升自我保护能力。

7.2.4　环境监察事权横向划分方案的比较

对上述三个方案进行比较分析（表 7-1），本研究认为，方案一的优点在于将发现案情与案件办理分离，在一定程度上有利于公正办案；同时将事权集中收缩，有利于更集中、专业地开展现场监察执法工作，不用分散过多的精力来开展其他工作。缺点在于由于查处分离，需要在两个部门之间流转，可能会影响执法效率；同时，改革力度较大，需要付出一定改革成本——对监察部门而言，由于权力收缩过多，可能带来被剥夺感，产生一定的抵触情绪，进而影响改革进程。方案二的优点在于发现案情与案件办理合并，查到违法行为可以及时处理，在一定程度上有利于提高执法效率，提高环境监察部门的执法权威；同时，由于获得处理权，环境监察部门容易接受改革，更愿意配合推进改革进程。缺点是由于缺乏相应的制约机制，可能会影响办案的公正性。方案三中，将一些外延职能纳入环境监察部门能够更及时掌握环境违法或突发事件的线索，及时应对处理，能够更好地利用环境监察机构对各污染源较为熟悉的优势；同时，有利于加强在日常巡查中的应急日常管理。但是，方案三也存在一些问题。在环境投诉、举报（信访）方面，从该工作的特征看，更多的是一种环境管理、社会管理工作，难以依赖现场执法；从现行部门规章看，《环境信访办法》强调环境信访工作实行行政首长负责

表 7-1　环保部门内环境监察事权横向划分的方案设计

方　案	事权划分	适宜条件
方案一	环境监察部门实施现场监察执法的监察事权，其余事权交由环保部门其余职能处室或机构负责	适合市辖区环境监察机构与环保局的事权划分
方案二	环境监察部门实施全面环境监察执法的监察事权，其余事权交由环保部门其余职能处室或机构负责	适合市县环境监察机构与环保局的事权划分
方案三	环境监察部门实施包括环境信访、应急事权等监察执法权的监察事权，其余事权交由环保部门其余职能处室或机构负责	适合省级环境监察机构与环保厅的事权划分

制。在环境应急职能方面，从环境应急部门具体职能看，多为日常环境管理工作，现场处置比例较低；从政府应急工作管理看，更多地需要各部门协调；从现行部门规章角度看，《突发环境事件应急管理办法》也强调突发环境事件在地方人民政府的统一领导下，实行分类管理、分级负责、以属地管理为主的应急管理体制。这些都需要环境监察与环保行政管理部门之间做好协调工作，提高了对彼此协调能力的要求。

7.3　环境监察事权的纵向划分

7.3.1　环境监察纵向体系的建设目标

1. 总体目标

形成适应我国生态文明建设要求，能够切实为生态环境管理提供依据，保障生态环境安全，监管有力、覆盖到底、职能匹配、职责清晰、协作顺畅的各层级政府间分级的监察体系。

2. 主要目标

(1) 形成职能匹配、分级合理的各层级政府间生态环境监察体系。

(2) 形成覆盖全面、职责清晰的各层级政府间生态环境监察体系。

(3) 形成高效、协作顺畅的各层级政府间生态环境监察体系。

7.3.2　环境监察事权纵向划分的基本思路

环境监察属于中央及地方各级共同事权，因此需视具体任务而由中央、地方某级监察机构或上下级监察机构共同承担监察事权，并合理分配事权，以提高环境监察效能及效率。

1. 优化决策层，减少中间层，强化执行层

在省、市、县环境监察机构的组织体系中，应根据现代组织理论，优化决策层，减少中间层，强化执行层。即优化省级环境监察机构的决策与管理职能，提

高其统一决策和监管的水平；减少市级环境监察机构上传下达的管理职能，一方面提升其自身少量保留的决策权的决策水平，另一方面更注重强化其实际监察能力；强化县级环境监察机构的监察执法职能，加强其现场监察能力。

2. 根据履责效率划分不同层级的监察事权

地方监察机构对地区环境污染源分布及其特征，对本区域内居民的公共产品需求偏好等相关信息的了解和掌握程度较高，因此，从提高环境监察执法针对性和效率的角度讲，应尽可能下移监察执法等监察事权。

3. 尽可能对现有架构实施垂直化改造，减少改革阻力

基本沿袭现有体系架构，通过对之实施垂直化改造，以适应当前省以下环境监察机构垂直管理改革的需要，同时，又尽可能降低改革对现有体制的冲击，以减少改革的阻力，提高改革方案实施的效率和可行性。

7.3.3 环境监察事权纵向划分的方案设计

本研究从管理事权和具体环境监察执法事权两方面讨论环境监察事权的纵向划分。根据不同监察事权，考虑纵向间不同集权与分权的强度，本研究得到以下不同的纵向事权划分方案。

7.3.3.1 环境监察管理事权纵向划分的方案设计

1. 环境监察管理事权划分方案一

该方案仅保留省级环境监察管理事权，即省级统一行使监察管理事权，市县级主要行使监察事权，即市县根据条件开展不同监察活动，二者之间没有领导、从属关系。总体上构成省—市/县环境监察机构模式。省级环境监察管理事权主要包括监察人才与机构建设管理事权、科技标准事权、稽查考核事权、信息统计与通报发布事权。

(1) 人才与机构建设事权。人才与机构建设事权主要包括环境监察人事权与培训资质管理、环境监察标准化建设等。省级环境监察机构对全省环境监察系统的人事与机构建设负责，决定各市县环境监察机构的人事安排。开展全省环境监察系统监察人员的资质培训，统一负责各地环境监察的标准化建设。

(2) 科技标准事权。科技标准事权主要包括对环境监察技术方法的研究和

环境监察技术标准的制定等。省级环境监察机构根据本省自然环境特征及社会经济条件,研究制定适合本省的环境监察技术标准,研发环境监察技术方法。

(3) 稽查考核事权。省级环境监察机构根据稽查考核管理办法,对本省内各级环境监察机构开展的环境监察执法活动进行稽查,对本省内各级环境监察机构及环境监察执法人员进行考核管理。

(4) 信息统计与通报发布事权。省级环境监察机构根据相关信息管理办法,对本省内各级环境监察机构开展的环境监察执法活动及其结果信息进行统计、通报和发布。

2. 环境监察管理事权划分方案二

该方案仅保留省、市两级环境监察管理事权,即省级统一行使监察管理事权,市级部分行使监察管理事权,县级行使监察事权,即市级保留一定管理权,领导、指导县级监察工作。总体上构成省—市—县环境监察机构模式。省级环境监察管理事权主要包括监察人才与机构建设管理事权、科技标准事权、稽查考核事权、信息统计与通报发布事权;市级环境监察管理事权包括部分监察人才与机构建设管理事权、稽查考核事权、信息统计与通报发布事权。

(1) 省级环境监察管理事权

① 人才与机构建设事权。人才与机构建设事权主要包括环境监察人事权与培训资质管理、环境监察标准化建设等。省级环境监察机构对全省环境监察系统的人事与机构建设负责,决定各市县环境监察机构的人事安排。开展全省环境监察系统监察人员的资质培训,统一负责各地环境监察的标准化建设。

② 科技标准事权。科技标准事权主要包括对环境监察技术方法的研究和环境监察技术标准的制定等。省级环境监察机构根据本省自然环境特征及社会经济条件,研究制定适合本省的环境监察技术标准,研发环境监察技术方法。

③ 稽查考核事权。省级环境监察机构根据稽查考核管理办法,对本省内各级环境监察机构开展的环境监察执法活动开展稽查,对本省内各级环境监察机构及环境监察执法人员开展考核管理。

④ 信息统计与通报发布事权。省级环境监察机构根据相关信息管理办法,对本省内各级环境监察机构开展的环境监察执法活动及其结果信息进行统计、通报和发布。

(2) 市级环境监察管理事权

① 人才与机构建设事权。协助省级环境监察机构管理本市环境监察系统的人事与机构建设,提出各县环境监察机构人事安排建议,负责各区及乡镇环境监察机构的人事安排。

② 稽查考核事权。根据稽查考核管理办法,对本市内县区及乡镇环境监察机构开展的环境监察执法活动进行稽查管理,对本市内下辖的环境监察机构及其环境监察执法人员进行考核管理。

③ 信息统计与通报发布事权。根据相关信息管理办法,对本市内各级环境监察机构开展的环境监察执法活动及其结果信息进行统计、通报和发布。

3. 环境监察管理事权划分方案三

省、市、县各级行使各自的监察管理事权,即基本保持现有的模式。

7.3.3.2 环境监察事权纵向划分方案设计的比较

基于前述划分原则及思路,本研究提出以下环境监察事权纵向划分的方案。

1. 环境违法监察执法事权的划分方案

环境违法监察执法是各级环境监察机构提供的最重要监察事权,也是配合环境质量目标管理和环境保护目标责任考核的一项重要事权。为提升监察效率,根据环境监察工作开展的要求,总体上本次设计遵循环境违法监察执法事权下移的原则。同时,根据环境监察工作新的发展要求,总体上本次设计遵循环境应急监察事权按区域及等级安排的原则。

(1) 环境违法监察执法事权划分方案一

省级负责跨省市环境违法事件的监察执法,市级负责跨市县环境违法事件的监察执法,县级负责域内环境违法事件的监察执法。下级环境监察机构协助上级机构开展相关监察执法活动。

(2) 环境违法监察执法事权划分方案二

省级负责特大环境违法事件的监察执法,市级负责较大环境违法事件的监察执法,县级负责一般环境违法事件的监察执法。下级环境监察机构协助上级机构开展相关监察执法活动。

(3) 环境违法监察执法事权划分方案三

省级负责跨省市应急监察以及特大环境事件的违法监察执法,市级负责跨县应急监察以及较大环境违法事件的监察执法，县级负责域内一般环境违法事件的监察执法。下级环境监察机构协助上级机构开展相关监察执法活动。

(4) 环境违法监察执法事权划分方案四

省级负责跨省市环境违法事件的监察执法，指导开展特大环境违法事件的监察执法，市级负责跨县环境违法事件的监察执法，指导开展较大环境违法事件的监察执法，县级负责域内一般环境违法事件的监察执法。下级环境监察机构协助上级机构开展相关监察执法活动。

2. 污染源日常监督监察事权的划分方案

污染源监督监察是各级环境监察机构为配合环境监察管理提供的公益性公共服务监察事权，也是开展精准治理和落实排污责任追究的一项重要事权。为避免地方政府为 GDP 增长，保护违法排污企业而任意干预该项监察事权，根据环境监察工作新的发展要求，总体上本次设计遵循污染源监督监察事权下放的原则。

(1) 污染源监督监察事权划分方案一

省级负责 30 万千瓦及以上火电厂的监督监察，国家及省确定的环境重点督查污染严重区域及污染源监督监察；市级负责 30 万千瓦及以上火电厂外国控、省控、市控重点污染源监督监察；县级开展其余企业污染源监督监察。

(2) 污染源监督监察事权划分方案二

省级一般不负责具体污染源监督监察，协助市级对国家及省确定的环境重点督查污染严重区域及污染源开展监督监察；市级负责国控、省控、市控重点污染源监督监察，重大专项执法活动监督监察及污染源特征污染物监督监察；县级负责企业污染源一般监督监察。

(3) 污染源监督监察事权划分方案三

省级不负责具体污染源监督监察；市级负责国控、省控、市控重点污染源监督监察，重大专项执法活动监督监察及污染源特征污染物监督监察；县级负责企业污染源一般监督监察。

3. 环境应急监察事权的划分方案

环境应急监察是各级环境监察机构为应对环境突发事件提供的公益性公共服务监察事权，也是保护生态环境安全以及群众健康的一项重要紧急事权。根据环境监察工作新的发展要求，总体上本次设计遵循环境应急监察事权按区域及等级安排的原则。

(1) 环境应急监察事权划分方案一

省级负责跨省市环境事故应急监察，市级负责跨市县环境事故应急监察，县级负责域内环境事故应急监察。下级环境监察机构协助上级机构开展相关应急监察活动。

(2) 环境应急监察事权划分方案二

省级负责特大环境事故应急监察，市级负责较大环境事故应急监察，县级负责一般环境事故应急监察。下级环境监察机构协助上级机构开展相关应急监察活动。

(3) 环境应急监察事权划分方案三

省级负责跨省市应急监察以及特大环境事故应急监察，市级负责跨县环境事故应急监察以及较大环境事故应急监察，县级负责域内一般环境事故应急监察。下级环境监察机构协助上级机构开展相关应急监察活动。

(4) 环境应急监察事权划分方案四

省级负责跨省市应急监察，指导开展特大环境事故应急监察，市级负责跨县环境事故应急监察，指导开展较大环境事故应急监察，县级负责域内一般环境事故应急监察。下级环境监察机构协助上级机构开展相关应急监察活动。

4. 政府及部门环境责任监察事权的划分方案

政府及部门环境责任监察事权是依据《环境保护法》第六十七条规定，“上级人民政府及其环境保护主管部门应当加强对下级人民政府及其有关部门环境保护工作的监督”，由环境监察机构配合环保行政管理部门开展的一项行政监察事权。根据政府及部门环境责任监察的特点，总体上本次设计遵循逐级管理的原则。

(1) 政府及部门环境责任监察事权划分方案一

省级及其派出的区域督察局负责对市级人民政府及环保局环境责任的调查，协助环保部及其区域督查中心对市级人民政府及环保局环境责任的调查，负责确定重点污染控制区和区域限批管理。省级派出的区域督察局联合市级环境监察机构负责对县乡级人民政府及县环保局环境责任的调查。

(2) 政府及部门环境责任监察事权划分方案二

省级及其派出的区域督察局负责对市县级人民政府及环保局环境责任的调查，协助环保部及其区域督查中心对市级人民政府及环保局环境责任的调查，负责确定重点污染控制区和区域限批管理。

7.3.4　环境监察事权纵向划分方案的比较

7.3.4.1　环境监察管理事权纵向划分方案的比较

对监察管理事权纵向划分的三个方案进行比较分析(表 7-2),本研究认为,方案一即省—市/县模式的优点在于集中的扁平式管理,管理成本下降,避免了多级管理中的消耗,且提升了县级环境监察执法机构的执法权威性,有利于抵制地方干预执法活动;缺点在于省与市县环境监察机构直接的距离会带来统一管理的难度,难以照顾到不同地区的社会经济和自然地理差异,可能带来一些统一决策未必适合所有地区的问题,从而影响决策的执行成效,并且改革力度较大,需要付出一定的改革成本。方案二,即省—市—县模式的优点在于相对改革力度适中,调整难度相对不大,管理层级数也适中,管理成本相应也不是很高,因为管理权下放到市级,可以对下辖县区有较为具体的了解,决策针对性相对较优;缺点是仍存在中间决策管理层,带来一定的管理成本及行政消耗。方案三的优点在于相对改革力度较小,基本无须调整;缺点是管理权限过于分散,作为相对单纯的技术系统,分散的管理权限一方面导致省级监察机构无法综合各方面因素综合考虑全省范围内的监察工作安排,另一方面也导致基层监察机构既无力管理,又分散了本就不足的监察人力资源,影响了其监察事项的开展,难以发挥省以下垂直管理的优势。

表 7-2　环境监察管理事权纵向划分的方案设计

方　案	事权划分	适宜地区	推荐指数
方案一	省级统一行使监察管理事权,市县级行使监察事权,即市县根据条件开展不同监察活动,二者之间没有领导、从属关系	一般省份,尤其是省域范围不大的地区	★★★
方案二	省级统一行使监察管理事权,市级部分行使监察管理事权,县级行使监察事权	省域范围较大或差异较大、市级环境监察机构能力较强的地区	★★
方案三	省、市、县各级行使各自的监察管理和监察事权		

综合考虑各方案的优劣势，本研究认为总体上方案一最优，一般地区，尤其是省域范围不大的地区可选择该方案，建议通过在监察管理领域建立补充机制解决该方案的不足；省域范围较大或差异较大、市级环境监察机构能力较强的地区也可选择方案二。

7.3.4.2 环境监察事权纵向划分方案的比较

1. 环境违法监察执法事权划分方案的比较

对四个环境违法监察执法事权划分方案进行比较分析（表 7-3），本研究认为，方案一的出发点是区域原则，即对跨境的环境违法事件，由上级环境监察机构负责环境违法监察执法，从而可以在一定程度上避免地方对监察工作的干扰；缺点在于没有能够区分环境违法事件本身的等级，市县级环境监察机构可能会遇到一些无法有效开展特大/较大环境事故的违法监察。方案二的出发点是事故级别原则，即等级越高的环境违法事件，由级别越高的环境监察机构负责监察执法，从而在一定程度上形成对应的事权关系，可以充分发挥各级监察机构的技术能力；其缺点在于对一些跨境环境违法事件的事权可能缺乏必要的协调和利益回避机制。方案三的优点在于结合了区域原则和事故级别原则，既可有效避

表 7-3 环境违法监察执法事权纵向划分的方案设计

方　案	事权划分	适宜地区	推荐指数
方案一	省级负责跨省市环境违法事件监察，市级负责跨县环境违法事件监察，县级负责域内环境违法事件监察		
方案二	省级负责特大环境违法事件监察，市级负责较大环境违法事件监察，县级负责一般环境违法事件监察		
方案三	省级负责跨省市环境违法事件监察以及特大环境违法事件监察，市级负责跨县应急监察以及较大环境违法事件监察，县级负责域内一般环境违法事件监察	直辖市、西部地方监察能力不足或省域范围较小的地区	★★☆
方案四	省级负责跨省市环境违法事件监察，协助开展特大环境违法事件监察，市级负责跨县环境违法事件监察，协助开展较大环境违法事件监察，县级负责域内一般环境违法事件监察	一般地区	★★★

免地方对监察工作的干扰，又可以充分发挥各级监察机构的技术能力；缺点是这样的划分让省级监察机构承担了较多事权，在一定程度上影响了工作效率。方案四的优点在于同样结合了区域原则和事故级别原则，避免了地方对监察工作的干扰，能充分发挥各级监察机构的技术能力同时相对于方案三，又在一定程度上降低了上级环境监察机构的工作压力，提高了工作效率。

综合考虑各方案的优劣势，本研究认为总体上方案四最优，一般地区可选择该方案；西部一些市级监察能力不足的省（自治区）、直辖市，以及省域范围不大的省（自治区）也可选择方案三。

2. 污染源日常监督监察事权划分方案的比较

对三个污染源日常监督监察事权划分方案进行比较分析（表 7-4），本研究认为，方案一的优点在于逐级分权，可以发挥各级监察机构的能力，充分发挥省级监察机构的技术优势，可以在一定程度上避免地方对监督监察工作的干扰；缺点在于可能使省级环境监察机构陷于过于具体的项目监察工作，影响其发挥整体协调以及深度支撑的功能。方案二的优点在于相对逐级分权，可以发挥各级监察机构的能力，充分发挥省级监察机构的技术优势，可以在一定程度上避免地方对监督监察工作的干扰；缺点在于在一定程度上分散了省级环境监察机构的精力，且由于省域范围过大，由省环境监察机构赴各地开展监督监察在一定程度

表 7-4　污染源日常监督监察事权纵向划分的方案设计

方　案	事权划分	适宜地区	推荐指数
方案一	省级负责 30 万千瓦及以上火电厂的监督监察，国家及省确定的环境重点督查污染严重区域及污染源监督监察；市级负责 30 万千瓦及以上火电厂外国控、省控、市控重点污染源监督监察；县级开展其余企业污染源监督监察	西部地区地方环境监察能力不足的省份	★★☆
方案二	省级一般不负责具体污染源监督监察，协助市级对国家及省确定的环境重点督查污染严重区域及污染源开展监督监察；市级负责国控、省控、市控重点污染源监督监察，重大专项执法活动监督监察及污染源特征污染物监督监察；县级负责企业污染源一般监督监察	一般地区	★★★
方案三	省级不负责具体污染源监督监察；市级负责国控、省控、市控重点污染源监督监察，重大专项执法活动监督监察及污染源特征污染物监督监察；县级负责企业污染源一般监督监察	东部市级环境监察能力较强的地区	★★☆

上会影响工作效率。方案三的优点在于将监督监察事权下移，有利于提升监督监察的效率，同时有利于省级监察机构集中力量发挥其整体协调以及深度支撑的功能；缺点在于是否应由省级环境监察机构对 30 万千瓦及以上火电厂开展监督监察，需要国家明确相关政策。

综合考虑各方案的优劣势，本研究认为总体上方案二最优，一般地区可选择该方案；西部一些市级监察能力不足的省（自治区）可选择方案一；东部市级环境监察能力较强的地区可选择方案三。

3. 环境应急监察事权划分方案

对四个环境应急监察事权划分方案进行比较分析（表 7-5），本研究认为，方案一的出发点是区域原则，即对跨境的环境应急事件，由上级环境监察机构负责应急监察，从而可以在一定程度上避免地方对监察工作的干扰；缺点在于没有能够区分环境应急事件本身的等级，市县级环境监察机构可能会遇到一些无法有效开展特大/较大环境事故的应急监察。方案二的出发点是事故级别原则，即等级越高的环境突发事件，由级别越高的环境监察机构负责应急监察，从而在一定程度上形成对应的事权关系，可以充分发挥各级监察机构的技术能力；缺点在于对一些跨境事故的事权可能缺乏必要的协调和利益回避机制。方案三的优点在于结合了区域原则和事故级别原则，既可有效避免地方对监察工作的干扰，又可以充分发挥各级监察机构的技术能力；缺点是这样的划分让省级监察机构承担了较多事权，在一定程度上影响了工作效率。方案四的优点在于同样结合了区

表 7-5 环境应急监察事权纵向划分的方案设计

方案	事权划分	适宜地区	推荐指数
方案一	省级负责跨省市环境事故应急监察，市级负责跨县环境事故应急监察，县级负责域内环境事故应急监察		
方案二	省级负责特大环境事故应急监察，市级负责较大环境事故应急监察，县级负责一般环境事故应急监察		
方案三	省级负责跨省市应急监察以及特大环境事故应急监察，市级负责跨县应急监察以及较大环境事故应急监察，县级负责域内一般环境事故应急监察	直辖市、西部地方监察能力不足或省域范围较小的地区	★★☆
方案四	省级负责跨省市应急监察，协助开展特大环境事故应急监察，市级负责跨县应急监察，协助开展较大环境事故应急监察，县级负责域内一般环境事故应急监察	一般地区	★★★

域原则和事故级别原则，避免了地方对监察工作的干扰，在充分发挥各级监察机构技术能力的同时相对于方案三，又在一定程度上降低了上级环境监察机构的工作压力，提高了工作效率。

综合考虑各方案的优劣势，本研究认为总体上方案四最优，一般地区可选择该方案；西部一些市级监察能力不足的省（自治区）、直辖市，以及省域范围不大的省（自治区）也可选择方案三。

4. 政府及部门环境责任监察事权划分方案的比较

对两个政府及部门环境责任监察事权划分方案进行比较分析（表 7-6），方案一的优点在于逐级向上级负责，符合层级负责原则；缺点在于使得督政权过于分散。方案二相对于方案一是将督政事权提到省级，督政权较为集中，避免了督政过滥而影响正常工作。

表 7-6　政府及部门环境责任监察事权纵向划分的方案设计

方　案	事权划分	适宜地区	推荐指数
方案一	省级及其派出的督察机构负责对市级人民政府及环保局环境责任的调查，协助环保部及其区域督查中心对市级人民政府及环保局环境责任的调查。省级派出的督察机构联合市级环境监察机构负责对县乡级人民政府及县环保局环境责任的调查	省域范围较大的地区及县域社会经济发展水平均较高的地区	★★
方案二	省级及其派出的督察机构负责对市县及乡镇人民政府及环保局环境责任的调查，协助环保部及其区域督查中心对市级人民政府及环保局环境责任的调查	一般地区，尤其是省域范围较小的地区	★★★

综合考虑各方案的优劣势，本研究认为方案二较优，一般地区，尤其是省域范围较小的地区可选择方案二；省域范围较大的地区及县域社会经济发展水平均较高的地区可选择方案一。

7.4　环境监察事权划分方案的建议

7.4.1　环境监察事权横向划分方案的建议

1. 监察机构与环保行政管理部门事权横向划分的建议

环境监察执法处罚事权方面，环境监察机构负责现场执法及对部分较小的环境违法事件进行行政处罚，环保行政管理部门负责确定较大的环境违法事件的行政处罚决定和处理。此外，根据《环境保护法》的规定，部分强制处罚权，如关停等应由环保行政管理部门进一步交人民政府做出决定。

环境投诉、举报(信访)受理与处理事权方面，环保行政管理部门负责受理与处理环境投诉、举报(信访)的接访、调解与处理，环境监察机构负责受理与处理环境投诉、举报(信访)可能的现场执法。

环境应急事权方面，由环保行政管理部门负责应急方案管理、应急演习、应急工作的组织协调，环境监察机构承担应急工作中污染源日常巡查管理信息的提供，负责环境事故的现场责任调查取证。

环境督察方面，省级环境监察机构及其派出的督察机构具体承担督政中的前期技术工作，后期决定等由省级环保厅局做出。

2. 监察机构各部门事权横向划分的建议

在省级环保厅局下设环境督察局、环境监察执法总队、环境监测监察稽查总队，形成省以下环境监察工作三条线。环境督察部门负责对各级政府和环境保护管理部门开展督察，即督政；环境监察执法部门负责对企事业单位开展环境监察执法，即督企；环境监测监察稽查部门负责对环境监察工作的稽查管理。

7.4.2 环境监察事权纵向划分方案的建议

1. 省级监察事权

(1) 省环境督察局及区域环境督察局办事权

省环境督察局负责对市级人民政府及环保局环境责任的调查，协助环保部及其区域督查中心对市级人民政府及环保局环境责任的调查，对重点污染控制区和区域限批管理提出建议。

区域环境督察局联合市级环境监察机构负责对县乡级人民政府及县环保局环境责任的调查，对重点污染控制区和区域限批管理提出建议。协助省环境督察局或环保部及其区域督查中心对市级人民政府及环保局环境责任的调查，对重点污染控制区和区域限批管理提出建议。

(2) 省环境执法总队事权

省环境执法总队行使全省环境执法管理指导事权，主要包括人才与机构建设管理事权、科技标准事权、考核事权及信息统计与通报发布事权。省级环境执法机构对全省环境监察系统的人事与机构建设负责，决定各市县环境执法机构的人事安排，开展全省环境执法系统监察人员的资质培训，统一负责各地环境监察执法标准化建设。根据本省自然环境特征及社会经济条件，研究制定适合本省的环境监察执法技术标准，研发环境监察执法技术方法。

省环境执法总队负责跨省市的相关监察活动，指导协助开展特大环境违法事件或事故的监察执法工作；组织协调省内重大专项执法和异地互查工作；负责跨省市应急监察执法，指导协助开展特大环境事故的应急监察执法。

(3) 省环境监察稽查总队事权

省环境监察稽查总队对全省环境监察机构的监察执法活动开展稽查考核管理工作。

2. 市级环境监察事权

(1) 市环境执法支队事权

负责跨县环境违法事件的监察执法，协助开展较大环境违法事件的监察执法和刑事侦办；负责国控、省控、市控重点污染源监督监察，重大专项执法活动监督监察及污染源特征污染物监督监察；市级负责跨县环境事故的应急监察，协助开展较大环境事故应急监察；协调指导县区环境执法大队的环境执法工作。

(2) 市环境监察稽查支队事权

负责对市域内各级环境执法活动开展稽查考核管理工作。

3. 县级环境执法大队事权

负责县域内一般环境违法事件的执法；负责域内企业污染源的一般监督监察；负责域内一般环境事故的应急监察。

4. 乡镇环境执法中队事权

负责域内企业污染源的一般监督监察；协助开展域内一般环境违法事件的环境执法。

第八章
环保垂直管理改革的配套政策

环保垂直管理改革是一个系统工程，涉及全国上上下下和环保相关各部门，有必要从配套法律法规体系的构建、配套机构建设支持、配套人事制度的建设、配套经费支持政策、配套协作制度的构建以及配套考核监管制度的构建等方面构建改革相关的配套政策体系。

8.1 配套法律法规体系的构建

8.1.1 配套环保行政管理法律法规体系的构建

如前文所述，现行环保行政管理的主要法律依据是《环境保护法》，该法的相当一部分规定与"十三五"规划提出的省以下环保行政管理垂直化改革目标不尽一致，从而带来法规支持方面的困扰及挑战。根据党的十八届三中全会提出的全面深化改革的总体要求，应及时在法律法规方面做出调整，以便省以下环保行政管理机构垂直管理改革在依法治国的框架下得到推行。依据新的需要，尤其是在以下方面做出新的法律安排。

(1) 明确省级环境保护部门对省以下环境管理活动的统一监督管理权。由于实行省以下环境管理垂直管理，因此，法律应明确将省以下环境管理机构的设置及管理权全部收到省级环境保护部门，并由省级环境管理机构向下派出市县分支机构。鉴于目前突出强调对县级相关管理权的上收，至少应明确市级环境保护部门对市以下环境管理活动的统一监督管理权。

（2）明确各级环境管理机构应尽的环境管理职责。在法律中应根据环境保护行政管理工作需要，明确各级环境管理机构应尽的环境管理职责，确保能够为各级环境管理机构开展环境管理执法以及项目环境管理等提供法律支撑。

加强部门法之间的协调，使环境法与其他部门法共同构成一个完整有序的法律体系，在促进达成各自利益和目标的同时，相互协调和平衡，实现部门法之间的良性互动。

加强程序法的建设，配合实体法的有关规定，制定专门的部门协调的法律法规或相关的协调办法，明确统管部门和分管部门的关系，具体落实协调内容、协调程序、责任和义务等方面，指导各部门在实际工作中进行相互配合和协调。

科学界定部门职责。从部门性质、效率原则、公正原则等几个方面进行统筹考虑，合理划分并细化部门职责，明晰权责范围，理顺统一监管部门和分管部门间的横向关系，科学界定部门职责，并以立法的形式赋予其法律效力。

8.1.2　配套环境监测法律法规体系的构建

如前文所述，现行的环境监测法规主要依据是《环境监测管理办法》，其中相当一部分规定与“十三五”提出的省以下环境监测垂直管理改革目标不尽一致，从而带来法规支持方面的困扰及挑战。根据党的十八届三中全会提出的全面深化改革的总体要求，应及时在法律法规方面做出调整，以便省以下环境监测垂直管理改革在依法治国的框架下得到推行。依据新的需要，应尽快制定《环境监测法》及其实施细则，尤其是在以下方面做出新的法律安排。

（1）明确省级环境保护部门对省以下环境监测活动的统一监督管理权。由于实行省以下环境监测垂直管理，因此，法律应明确将省以下环境监测机构的设置及管理权全部收到省级环境保护部门，并由省级环境监测机构向下派出市县分支机构。

（2）明确各级环境监测机构应尽的环境监测职责。在法律中应根据环境保护行政管理工作需要，明确各级环境监测机构应尽的环境监测职责，确保各级环境监测机构能够为环境质量考核、污染源监管、环境事件应急等提供技术支撑。

（3）明确各级环境监测机构与环保行政管理部门及环境监察部门协作机制。由于实行省以下环境监测垂直管理，带来省以下环境监测机构与环保行政管理部门及环境监察部门的分离。因此，在法律中有必要明确各级环境监测机构与环保行政管理部门及环境监察部门之间协作机制，构建顺畅的工作流程，确保各级环境监测机构能够为环境管理等提供有力的技术支撑。

（4）明确政府行政性、公益性监测与企业自主监测、社会服务性监测的事权划分。在新的形势下，为适应社会主义市场经济体系，完善多元监测格局，应以法律形式明确政府行政性、公益性监测与企业自主监测、社会服务性监测的事权划分。既为社会服务性监测提供公平的市场环境，又要构建有效的质量管理及责任机制，保障环境监测工作的高效、科学、规范。

在人大做出法律安排之前，可由国务院先行制定《环境监测管理条例》，或由环境保护部修订现有的《环境监测管理办法》，尽早完善相关规定。

8.1.3 配套环境监察法律法规体系的构建

如前文所述，现行的环境监察法规主要依据是《环境监察管理办法》，其中相当一部分规定与“十三五”提出的省以下环境监察垂直管理改革目标不尽一致，从而带来法规支持方面的困扰及挑战。根据党的十八届三中全会提出的全面深化改革的总体要求，应及时在法律法规方面做出调整，以便省以下环境监察垂直管理改革在依法治国的框架下得到推行。依据新的需要，应尽快制定《环境监察法》及其实施细则，尤其是在以下方面做出新的法律安排。

（1）明确省级环境保护部门对省以下环境监察活动的统一监督管理权。由于实行省以下环境监察垂直管理，因此，法律应明确将省以下环境监察机构的设置及管理权全部收到省级环境保护部门，并由省级环境监察机构向下派出市县分支机构。

（2）明确各级环境监察机构应尽的环境监察职责。在法律中应根据环境保护行政管理工作需要，明确各级环境监察机构应尽的环境监察职责，确保能够为各级环境监察机构实施环境监察执法以及项目环境管理等提供法律支撑。

(3) 应通过立法明确区域督察机构的法律地位、权力和责任，赋予其相应的监察管理权。

(4) 应适时推进环境警察制度。

在人大做出法律安排之前，可由国务院先行制定《环境监察管理条例》，或由环境保护部修订现有的《环境监察管理办法》，尽早完善相关规定。

8.2　配套机构的建设

8.2.1　配套环保行政管理机构的建设

1. 加强省级环保厅(局)的机构建设

(1) 依据事权构建内部部门

根据省以下环保行政机构垂直管理的改革目标，未来省级环保厅(局)将成为全省(自治区/直辖市)环境管理工作的真正指挥中枢。因此，必须按照新的事权划分加强省级环保厅(局)的职能，尤其是在其机构设置中加强负责全省(自治区/直辖市)环境管理规划统筹和监督考核的部门。

(2) 增设与地市级人民政府对接的部门

考虑到垂直管理后省级环保厅(局)与地市级人民政府的协作需要，应在省级环保厅(局)中增设与地市级人民政府对接的部门，责任明确，依规落实，通过专门部门的设立以确保衔接畅通。

2. 强化市级环保局的机构建设

(1) 依据事权构建内部部门

未来市级环保局将成为全市环境管理工作的指挥中枢，因此，必须按照新的事权划分强化市级环保局的职能。尤其是在其机构设置中应加强负责全市环境管理规划统筹及监督考核的部门。

(2) 增设与县级人民政府对接的部门

考虑到垂直管理后市环保局与县级人民政府的协作需要，应在市环保局中增设与县级人民政府对接的部门，责任明确，依规落实，通过专门部门的设立来确保衔接畅通。

3. 优化县级环保局的机构建设

(1) 根据新的事权划分优化县环保局的机构设置

在新的事权要求下，优化县环保局的机构设置，也要对环保局人员数量及结构提出要求，同时对内部管理职能的设置提出规范性要求。

(2) 增设与县级人民政府及相关政府组成部门对接的部门

考虑到垂直管理后县环保局与县级人民政府及相关政府组成部门的协作需要，应在县环保局中增设与县级人民政府及相关政府组成部门对接的部门，责任明确，依规落实，通过专门部门的设立来确保衔接畅通。

4. 向乡镇延伸建设

(1) 根据新的事权划分设置乡镇环保机构

在新的事权要求下，依据乡镇和农村环保工作的要求，参考乡镇国土资源所、工商所等的经验，设置乡镇环保机构。

(2) 推动乡镇环保机构基本的标准化建设

制定乡镇环保机构建设标准，《标准》既要明确设备、用车等的配置标准，也要对人员数量及结构提出要求，同时对内部管理职能的设置提出规范性要求。积极组织落实，明确推进进度安排，以确保其管理能力基本满足当前乡镇及农村生态文明建设的要求。

8.2.2 配套环境监测机构的建设

1. 强化省级环境监测机构的建设

(1) 依据事权构建内部部门

在省环保厅下设正处级事业单位省环境监测中心站。省环境监测中心站下设省辖市环境监察站、区域流域环境监察站及环境监测稽查总队，全部直属省环境监测中心站管理，负责环境质量监测和污染源监督监测等。未来在条件许可的情况下还可以单独形成综合的省生态环境监测管理机构，统一协调现有各部门监测机构的管理机构建设。

省环境监测中心站将成为全省环境监测工作的龙头和大脑。应强化省环境监测中心站的建设，尤其是在其机构设置中应加强负责全省环境质量考核管理的环境质量监测部门，加强负责收集、分析环境监测数据，开展生态环境状况评价以及生态安全评价及预警等的环境监测数据分析与应用部门，加强对各项监测工作实施事前、过程及事后质量控制与监督检查的监测质量管理部门，加强开展环境监测人员资质管理及技术培训、环境监测实验室资质管理及环境监测网建设和运行的人事与机构建设管理部门，加强环境监测技术规范、方法以及标准研究发布的环境监测科技标准部门，加强环境监测数据库的建设与信息发布部门，加强负责全省环境监测网建设和运行的规划部门与财务部门。

(2) 增设与环保行政管理部门及环境监察机构对接的部门

考虑到垂直管理后环境监测机构与环保行政管理部门以及环境监察机构的协作需要，应在省级环境监测机构中增设与环保行政管理部门及环境监察机构对接的部门，责任明确，依规落实，通过专门部门的设立来确保衔接畅通。

2. 依据新的事权开展各级环境监测站的标准化建设

(1) 根据新的事权划分修订《全国环境监测站建设标准》

在新的事权要求下，《标准》既要明确环境监测用房、设备等的配置标准，也要对监测人员数量及结构提出要求，同时对内部管理职能的设置提出规范性要求。

(2) 依据新的事权开展各级环境监测站的标准化建设

在《标准》修订的基础上，积极组织落实，继续大力推进各级环境监测站的标准化建设。以省为单位，明确推进进度安排，以确保监测机构的能力可基本满足当前环境保护重大工程及生态文明建设的要求。

8.2.3　配套环境监察机构的建设

1. 强化省级环境监察机构的建设

在省环保厅设环境监察局及环境督察局，分别由副厅长兼任局长，厅长兼任总督察。监察局下设环境监察执法总队及环境监察稽查总队。根据垂直管理后职能扩大、任务加重的实际情况，省环境监察局增强规划财务、稽查考核方面的处室，各级环境监察机构增设专门与同级环保行政管理部门及环境监测部门对接的处室。省和省以下环境监察机构及其内设部门的设置、变更、撤销，由省环境监察局提出意见，省机构编制管理部门审核、报批。

根据省以下环境监察垂直管理的改革目标，未来省级环境监察管理机构将成为全省环境监察工作的真正指挥中枢，省环境监察管理机构将成为全省环境监察工作的龙头和大脑。因此，必须按照新的事权划分强化省级环境监察管理机构的职能。强化省环境监察机构的建设，加强负责收集、分析环境监察信息，开展生态环境安全预警等工作的环境监察信息分析与应用部门，加强开展环境监察人员资质管理及技术培训的人事与机构建设管理部门，加强对各项监察工作政策开展研究及制定的环境监察政策法规部门，加强环境监察技术规范、方法以及标准研究发布的环境监察科技标准部门，加强环境监察数据库的建设与信息发布部门，加强负责全省环境监察机构建设和运行的规划部门与财务部门。

2. 建设省以下各级环境监察机构

(1) 环境督察系统建设

省环境督察局派出区域环境督察机构，区域督察机构设督察专员、副专员和辅助工作人员，减少现有设置，专门开展督政。区域督察机构(区域督察局或督察专员办)与省环境督察局共同负责环保督政。

(2) 环境执法系统建设

省级环保厅局设环境执法总队，按照属地管理原则，省辖市环保局设市执法支队，县区环保分局设县区执法大队，负责环境监察执法，即督企。省辖市所设的区环境监察执法大队作为市环境监察执法支队的派出机构，由市环境监察执法支队统一领导、统一管理。县区环境监察执法大队必要时在乡镇设环境监察执法中队，作为其派出机构，由县区环境监察执法大队统一领导、统一管理。

(3) 环境监察稽查系统建设

环境监察稽查总队负责全省环境监察工作的稽查管理，下设省辖市稽查支队，负责对市以下各级监察机构监察执法过程的稽查管理。

3. 依据新的事权开展各级环境监察机构的标准化建设

(1) 根据新的事权划分修订《全国环境监察机构建设标准》

在新的事权要求下，《标准》既要明确环境监察用房、设备等的配置标准，也要对监察执法人员的数量及结构提出要求，同时对内部管理职能的设置提出规范性要求。

(2) 依据新的事权开展各级环境监察机构的标准化建设

在《标准》修订的基础上，积极组织落实，继续大力推进各级环境监察机构的标准化建设。以省为单位，明确推进进度安排，以确保监察机构的能力可以基本满足当前环境保护重大工程及生态文明建设的要求。

8.3 配套人事制度的建设

配套人事制度建设主要从两个方面考虑，一是人员数量问题，二是人员质量问题。

8.3.1 人员的编制建设

1. 环保行政管理机构的人员编制建设

(1) 构建新的环境管理机构的整体编制制度

根据新的事权安排，由环保部联合编办，形成适用于新的环境管理支撑要求，符合生态文明建设需要的地方环境管理机构编制方案。目前我国编制管理日趋严格，地方各级政府事业单位的编制总体上是只减不增，这符合减政放权、降低纳税人供养的现代治理要求。但是，随着我国社会经济的发展和环境保护工作的推进，尤其是近年来我国大力推动生态文明建设，环境管理工作任务急剧增加。近年来，各地环保行政管理机构为了适应日益繁重的环境管理任务需要，从下属环境监测站和环境监察队伍抽调了相当一部分人员进入局机关工作，考虑职级晋升等因素，这些人员对借调到局机关也有积极性，这造成多数地方环保局混编混岗现象严重。为形成符合生态文明建设需要的地方环境管理机构，有必要通过通盘的考虑，由国家和地方编办出台新的地方环境管理机构编制方案，为各级各地环境管理机构提供必要的人力支持。同时，在改革过程中还应做好原有混编混岗人员的去向分配问题，平稳过渡，避免因改革带来工作安排的困难。

(2) 构建环境管理机构纵向编制的分配机制

由于改革实行省以下环境管理机构的垂直管理，这就带来环境管理机构在省—市—县(区)—乡镇的编制分配问题。有必要根据事权的纵向划分，在整体编制制度的基础上，构建与事权相匹配的环境管理机构省—市—县(区)—乡镇编制的分配机制。当前，环境管理队伍的内部差别较大，需要根据实际监察需要，根据事权与人事匹配，以及横向及纵向间环境公平的原则，合理设计省—市—县(区)—乡镇编制的分配机制。

2. 环境监测机构的人员编制建设

由于改革实行省以下环境监测机构的垂直管理，这就带来环境监测机构在省—市/县(区)编制的分配问题。有必要根据事权的纵向划分，在整体编制制度的基础上，构建与事权相匹配的环境监测机构市县(区)编制分配机制。当前，环境监测队伍的内部差别较大。在省级层面，每个省(市、自治区)站(中心)都拥有数量不等的优秀监测专家，他们是监测网络的中坚力量。在设区市层面，有的站技术实力和省级站相当，甚至更强；有的市级站则缺编制、少设备，完成常规任务都有困难。在县级层面，有的员额较足，可以完成基本的监测任务；多数则相对建设不足，缺编现象明显，有限的人员也被借调到局机关从事其他环保工作；有的县级站基本没有合格的监测技术人员，甚至监测工作都无法运作起来。这就需要根据实际监测工作需要，根据事权与人事匹配的原则，根据横向及纵向间环境公平的原则，合理设计省—市/县(区)编制的分配机制。

首先，根据新的事权安排，在环境监测机构能力建设标准体系设计中明确监测技术人员数量的规定。随着事权新要求的出现和环境管理支撑要求的提升，有必要修改现行《环境监测站建设标准》，制定省、市、县三级环境监测机构人员的标准。同时，考虑不同社会经济发展实际和自然条件的差异，每个级别分东部地区、中部地区、西部地区合理设计标准。通过能力建设标准体系设计，在行业内形成监测技术人员数量要求的依据。

其次，根据新的事权安排，由环保部联合中编办，形成适应新的环境管理支撑要求，符合生态文明建设需要的地方环境监测机构编制方案。为形成符合生态文明建设需要的地方环境监测机构，有必要通过通盘考虑，由国家和地方编办出台新的地方环境监测机构编制方案，为各级各地环境监测机构提供必要的人力支持。

3. 环境监察机构的人员编制建设

首先，根据新的事权安排，在环境监察机构能力建设标准体系设计中明确监察执法人员数量的规定。随着事权新要求的出现和环境管理支撑要求的提升，有必要修改现行《环境监察建设标准》，制定省、市、县三级环境监察机构人员的标准。同时，考虑不同社会经济发展实际和自然条件差异，每个级别分东部地区、中部地区、西部地区合理设计标准。通过能力建设标准体系设计，在行业内形成监察执法人员数量要求的依据。

其次，根据新的事权安排，由环保部联合中编办，形成适应新的环境管理支撑要求，符合生态文明建设需要的地方环境监察机构编制方案。为形成符合生态文明建设需要的地方环境监察机构，有必要通过通盘考虑，由国家和地方编办出台新的地方环境监察机构编制方案，为各级各地环境监察机构提供必要的人力支持。

由于改革实行省以下环境监察机构的垂直管理，这就带来环境监察机构在省—市—县(区)的编制分配问题。有必要根据事权的纵向划分，在整体编制制度的基础上，构建与事权相匹配的环境监察机构市县(区)编制分配机制。当前，环境监察队伍的内部差别较大，这就需要根据实际监察工作需要，根据事权与人事匹配的原则，以及横向及纵向间环境公平的原则，合理设计省—市—县(区)编制的分配机制。

8.3.2　人员的质量建设

随着生态文明建设的推进和我国社会经济的发展，以及人民对良好生态环境需求的增长，环境保护部门的管理任务明显增加。这就需要通过构建环境管理机构的人才引进制度、人才培训制度以及人才交流制度，不断提升环保管理部门人员的专业水平，以适应新的管理需求。

1. 构建环境管理机构的人才引进制度

(1) 实行严格的准入制度。对引进人才在专业、学历等方面做出明确规定。对不符合条件和要求的人员坚决进行调整或不予录用，严把人才的入口关，切实提高管理效率，堵塞管理漏洞。

(2) 建立灵活多样的人才引进政策。刚柔并蓄，建立灵活多样的人才引进方式，以引进机制建设为抓手，推出法律顾问、技术顾问等柔性引进人才制度。

2. 构建环境管理机构的人才培训制度

(1) 建立和完善定期专业培训制度。制定培训管理办法，对培训工作进行制度化、规范化、科学化的管理。严格执行培训经费按规定提取和使用制度，严禁挪作他用。拓展人才培训渠道，满足专业人才的继续学习需要，为提升专业人员环境管理专业技术水平、高标准实现环境管理目标任务提供智力支持。

(2) 建立和完善后备人才培养制度。建立和完善后备人才库，确定关键岗位，确定后备人才选拔和岗位轮换制、后备人才培训等人才培养方式，以及后备人才考核与激励程序，有计划、有步骤地合理开发和挖掘后备人才的潜质，为环境管理机构未来的健康与持续发展提供动力源泉。

(3) 建立科学的经营管理人才考核和评价指标体系。制定人才的岗位考核标准，创新人才评价方法。建立技术人才评价指标体系，在人才考察使用中试行定量评价与能力测试制度。

3. 构建环境管理机构的人才交流制度

(1) 推行轮岗交流制度。通过加速人才在环境管理系统内部经常性的合理流动，保持环境管理队伍的生机和活力，以此开拓环境管理人才的视野，丰富其实践经验，更新环境管理知识，不断完善人才结构，推进复合型人才的培养。

(2) 强调人才交流的均衡性设计。尤其是加强对专业力量较强的机构与技术力量较弱的机构之间的交流，逐步实现人才队伍的区域均衡。重视骨干交流的支持政策，通过优秀专业人员的交流有效带动落后机构的专业养成。

(3) 明确在职级升迁中的人才交流规定，确保人才交流得到有效落实。

8.4 配套经费的支持政策

近些年来，各级政府对环境管理支出资金的总量逐渐增大，但仍存在财政保障与日益增长的环境管理业务需求不相匹配的矛盾，经费预算不足的问题并未得到根本解决，与环境管理在环境保护中的重要基础性地位不相适应，亟待加以研究解决。在省以下垂直管理的体制下，总体上对地方环境管理经费有了更好的保障，同时也对经费保障提出了新的要求。各级监测机构仍存在财政保障与日益增长的环境监测业务需求不相匹配的矛盾，大部分地区监测机构的人员、设备购置、业务运行等经费预算不足的问题并未得到根本解决，与环境监测在环境保护中的重要基础性地位不相适应，亟待加以研究解决。国务院发布的《生态环境监测网络建设方案》，要求完善与生态环境监测网络发展需求相适应的财政保障机制，并按监测事权将所需经费纳入各级财政预算的重点保障。在省以下垂直管理的体制下，总体上对地方环境监测经费有了更好的保障，同时也对经费保障提出了新的要求。

8.4.1　建立系统的经费保障标准

随着经济社会发展和人民需求的提高，公众对公共服务需求的规模、结构随之发生变化，应根据需求调整环境管理的支出规模与结构，在需求增加时加大财政资金的支持力度；如需求缩小，则相应减少支出。这种灵活调整，既可保证社会公共服务的需要，又可使财政资金发挥更大效益。应完善将环境管理经费定额标准体系作为财政预算编制的依据，环境管理业务经费应成为财政保障重点。

8.4.2　完善相应的财政转移支付制度

健全财政转移支付制度，使项目资金直达，减少或取消中间拨付环节，提高专项转移支付的时效性，并对资金流向开展动态监控，实时掌握并反馈资金的支付信息，发现问题要及时核查、纠正和处理，不断提高资金的到位率、支付效率和使用效益。提高中央对地方环境管理重大项目和重点任务的财政补助额度和标准。根据新《预算法》的要求，除按照国务院的规定应当由上下级政府共同承担的事项外，在下达专项转移支付资金时，不再要求下级政府承担配套资金。对必须由下级财政配套的项目，上一级政府要根据不同地区的实际财力提出实际可行的经费配套比例。

8.4.3　完善财政资金监督和考核机制

财政和环保部门共同设计一套科学、合理的环境管理专项经费绩效评价与考核指标，对资金的使用和效益情况进行综合评价和绩效考核。要建立有效的监督制约机制，对环境管理财政资金的分配程序、使用过程、使用效益等进行跟踪反馈与改进，重点关注资金的使用效果、项目成果的共享和应用，避免财政资金的重复投入与浪费。通过资金评价与监督考核机制的建立与完善，提高财政资金使用的综合效益，促进环境管理公共服务供给能力水平的提升。

8.5 配套协作制度的构建

8.5.1 建立环境管理机构的横向协作机制

在实施双重管理后，市环保局作为市政府组成部门应健全环境管理协作机制，作为市环保局派出机构的县级环保局同样应与地方政府及其各部门构建环境管理协作机制，确立环保部门作为环境管理工作统一监督管理的地位和作用，与其他部门形成环境监管分工合作的协作机制。

(1) 与地方政府的协作。在地方环境保护委员会的框架下，接受地方政府委托拟定环境政策，编制生态环境规划，分解环境责任，开展环境整治、排污许可等环境管理工作，为地方政府提供环境管理支持。地方政府协调各部门落实各项环境政策和生态环境规划的要求，履行环境责任，为环保局提供必要的外部支持，以便环保局能够更好地开展工作

(2) 与其他政府部门的协作。在地方环境保护委员会框架下，建立部门与部门之间良好的沟通与合作，构筑政府部门之间的环境管理协作平台。环境保护部门根据需要将环境责任分解到政府的发改、经信、财政、农业以及国土、水利、交通、教育等部门，其他各部门按照环保部门提出的具体环境责任要求，完成相关的环境管理任务。环保部门从环保角度提出促进当地产业发展转型升级的建议，发挥引领新常态的作用，一些相关部门借力推进提档升级，实现中央提出的改革目标。与审计部门监察部门协作，推进离任环境审计和环境责任追究工作等。

(3) 与司法机关的协作。根据《环境保护法》及“两高司法解释”，建立落实环保行政管理部门与检察院和法院等司法机关的衔接机制，畅通涉及环境刑事

犯罪事件的检察起诉通道，加强对环境犯罪行为的司法惩罚，打击环境犯罪分子，保护环境。

8.5.2　建立环保行政管理机构与环境监测监察机构的相互协作机制

省以下环境监测监察机构的垂直管理将在一定程度上带来市县环保局与垂直管理环境监测监察机构的分离，这就提出了环保行政管理机构与环境监测监察机构之间加强协作的新要求。

(1) 建立环保行政管理及监测监察机构三者间的组织协作机制。通过在市县环保机构设置中增设对接的部门，确定部门责任，明确沟通流程，确保衔接畅通。在县级机构设置中尽量让基层环境执法、监督监测等职能机构统一在环保行政管理机构下运作，避免因垂改带来过度分散，影响工作开展。

(2) 建立环境管理与环境监测监察的工作协作机制。一是环保局要及时向环境监测监察部门提供环境管理信息。二是应建立环境监测监察机构及时向市县环保局提供监测监察信息的工作机制。

8.5.3　建立环境管理机构的纵向协作机制

省以下环保行政管理机构的垂直管理使得省—市—县环境管理机构的制度性协作成为可能。这就要求构建好省—市—县环境管理机构的工作协作机制，使之制度化、规范化，进而提高协作效率。

(1) 数据协作。应建立省—市—县环境管理机构数据共享协作机制。通过建立数据库、开展数据报送制度，在省—市—县环境管理机构之间，以及流域、区域内环境管理机构之间开展数据协作。

(2) 工作协作。应建立省—市—县环境管理机构工作协作机制。省—市—县环境管理机构在明确了各自的事权后，可以各自依法履职。同时，仍应形成一定的工作协作机制，充分发挥省级环保厅(局)的宏观决策指导、市环保局的业务指导作用和县环保局的基层政策推进优势，提升地方整体环境监管工作的效率。

8.6 配套考核监管制度的构建

行政监督包括行政外监督和行政内监督。行政外部监督是指由来自国家行政机关以外的监督主体,为保证行政工作的合法性、正确性以及社会效益而对行政机关及其国家公务员实施的监督。行政机关外部监督体系主要由政党监督、人大监督、国家司法机关监督、社会团体监督、公民监督和新闻媒体监督等六个方面构成。行政内部监督的主体是国家行政机关,主要包括层级监督和专门监督。其中层级监督主要包括日常监督、主管监督(国务院各部委和直属机关对地方各级人民政府的监督)和职能监督(如财政部、人事部);专门监督主要包括行政监察和审计监督。

考核监管制度是确保环保行政管理工作客观公正、规范科学开展的基本保证。因此,需在垂直管理改革中配套建立起机构内部以及上级机构的考核制度,建立起人大、政协监督,法定行政部门监管,法定监察职能部门监管和社会参与的监管体系。

8.6.1 机构内部的考核制度

(1) 依据环境管理事权,制定月度、季度和年度工作任务,对照任务开展月度、季度和年度一般性工作考核。

(2) 对照上级环境管理机构布置的各项环境管理任务,开展月度、季度和年度布置性工作考核。

(3) 对照地方政府及其相关资源环境管理机构和环境监测监察机构交办的环境管理工作任务,开展月度、季度和年度交办性工作考核。

8.6.2 上级机构的考核制度

上级机构考核一般包括以下内容:

(1) 对照环境管理机构年度任务,开展一般性工作监督考核。

(2) 对照上级环境管理机构布置的各项环境管理任务,开展年度布置性工作监督考核。

(3) 对照地方政府和相关资源环境管理机构交办的环境管理工作任务,开展年度交办性工作监督考核。

环境监测机构还存在质量控制考核问题,因此应开展以下考核:

(1) 内控制度考核。主要是省级监测机构开展对市县监测机构的环境监测质量内控制度考核。

(2) 实验室资质考核。主要是省级监测机构开展对市县监测机构实验室的资质考核。

(3) 人员资质考核。主要是省级监测机构开展对市县监测机构技术人员的资质考核。

因此,应加强各职能部门对环境监测的监管职责,确保监测数据科学准确,监测工作规范高效。

(1) 加强质监部门对环境监测工作的监管等。质监部门应通过对实验室资质管理、监测仪器管理、部分检测人员资质管理等,加强对各级各部门生态环境监测机构的监管,提升监测的规范性、科学性和准确性。

(2) 加强统计部门参与环境监测数据的审查管理。环境监测机构依法向统计部门提供相关环境信息,统计部门依法对环境监测机构提供的环境数据开展审查管理,提升环境监测上报数据的规范性和准确性,完善生态环境数据的系统性。

(3) 加强省级环保部门对社会监测企业的监管制度。研究出台社会监测机构的监管办法,对承担各级环保部门监测任务的社会监测机构和监测设备运维机构的质量管理工作要求、内容、程序进行规范 ,逐步建立对社会监测机构的资质与能力认定、质控样考核与实验室比对、第三方质控、信誉评级等工作机制,督促社会监测机构不断提高数据质量和服务质量,为监测市场化改革,部分事权市场化提供制度性保障。在质量控制方面,将实验室依照监测能力、监测内容、监测范围划分不同等级,根据级别,确定政府委托监测项目的运营权资格。严格监管运营过程,建立处罚、降级甚至取消监测资质等相应惩戒机制。在责任追究方面,采取“黑名单”制等,必要时移送司法机关处理。

8.6.3 人大、政协的监督

充分利用人大法制监督、政协民主监督的职能，发挥人大代表、政协委员的作用，定期对省—市—县环保行政管理机构的环境监管工作开展情况进行监督检查，对未能有效履职的情形进行质询问责。

8.6.4 法定监察职能部门的监管

由于实行省以下环境管理机构的垂直管理，在保障市县环保局相对独立的同时，也使其接受的日常监督相对减少，这就需要对其加强法定监察职能部门的监管。

发挥纪检监察部门的行政监督作用，保障省—市—县环境管理体系的正常运行，对失职渎职、未履行或不正确履行环境管理责任的行为，严格按照相关规定进行问责。

发挥审计部门的审计监督作用，通过对省—市—县环境管理机构的预算执行和决算情况，以及预算外资金的管理和使用情况进行审计监督，保证环境管理系统的廉洁水平。

8.6.5 社会参与监管

充分发挥新闻媒体、环保组织和广大人民群众的社会监督作用，利用报纸、电视、网络等媒体宣传与环境监测相关的环境保护法律法规，揭露和批评环境管理违法违规行为，促进各级环保行政管理机构守法意识的提升。

第九章
我国环保垂直管理的展望

9.1 改革存在的挑战性因素

9.1.1 现行环境管理相关法律法规的挑战

现行的环境管理法规主要依据2015年1月1日起实施的新《环境保护法》，该法的一些规定都与"十三五"提出的省以下环保行政管理垂直化改革的目标不尽一致，从而带来法律支持方面的困扰及挑战。同时，该改革还与现行《地方各级人民代表大会和地方各级人民政府组织法》的规定"县级以上的地方各级人民政府行使下列职权……管理本行政区域内的……环境和资源保护……"存在不一致之处。

现行的环境监测法规主要依据原国家环保总局于2007年以总局令第39号发布的《环境监测管理办法》，该《办法》规定："环境监测工作是县级以上环境保护部门的法定职责。县级以上环境保护部门所属环境监测机构具体承担开展环境质量监测、污染源监督性监测和突发环境污染事件应急监测，环境监测网建设和运行，收集、管理环境监测数据，开展环境状况调查和评价，编制环境监测报告等环境监测技术支持工作。"这些都与"十三五"提出的省以下环境监测垂直管理改革的目标不尽一致，从而带来法规支持方面的困扰及挑战。

现行的环境监察法规主要依据环境保护部于 2012 年以部令第 21 号发布的《环境监察管理办法》，该《办法》的一些规定都与“十三五”提出的省以下环境监测垂直管理改革的目标不尽一致，从而带来法规支持方面的困扰及挑战。

9.1.2 环境管理工作的纵横向协调性挑战

一是纵向的省以下环境管理系统的协调性挑战。省以下环保行政管理机构在垂直管理后，将形成省—市—县三级系统，随着乡镇环保机构的建设，进一步形成省—市—县—乡镇四级环境管理系统，这是较为复杂的环保网络体系，使系统工作协调难度加大。

二是横向的市县环保局与环境监测监察部门的协调性挑战。在垂直管理的同时，要求市县环境监测监察机构与环保局分离，由过去的部门内工作交办变成部门间的协作，会使相关工作协调难度加大，甚至可能带来市县环保局内设机构执法和环境监察执法的多头执法局面。

三是县级环保局作为市环保局派出机构后，将不再作为政府组成部门，因此提出了与县级人民政府及其各组成部门之间新的协调要求。

9.1.3 市以下环保机构的编制挑战

目前市县环保局编制严重不足，相当一部分实际工作依靠编制外人员去做，一些地方环保部门存在编内编外人员各占一半的情况，更有一些地方编外人员远超编内人员，大量占用同级环境监测监察机构的工作人员。垂直管理后，由环保局占用的环境监测监察人员将调回监测监察部门，市县环保局编制不足的问题将更加凸显。此外，目前市县环保局中工作人员的专业性也明显不足，对未来工作的开展形成了挑战。

环境监测方面，目前各级监测机构编制严重不足，相当一部分实际监测工作依靠编制外人员去做，一些地方站存在编内编外人员各占一半的情况，更有一些地方站编外人员远超编内人员。即使将一些由环保局占用的编内人员调回监测站，同时削减部分商业性监测工作，总体来说各级监测机构依然编制不足，对未来工作开展形成了挑战。

环境监察执法方面，由于执法精细化的要求，对基层执法力量要求急剧加大。此外，目前各级监察机构中执法人员的专业性也明显不足，对未来工作的开展形成了挑战。

9.1.4 省市级财政压力的挑战

省以下环境监测系统的垂直管理在一定程度上增加了省级财政压力；对西部省份而言，即使省级财政状况优于市县级，也同样存在财政压力。

县级环保局由市级环保局派出的垂直管理改革在一定程度上增加了市级财政压力；对西部一些省份而言，市级财政状况可能优于县级，但也同样存在财政压力。

9.1.5 监测技术人员的薪酬及社会保障挑战

现实的问题不少，如，由于各省内社会经济条件的差异，监测技术人员的收入与地区社会经济发展水平相一致。实行垂直管理后，相对统一的薪酬制度可能导致发达地区监测技术人员的收入下降，必然会影响其工作积极性。此外，由于省以下实行垂直管理，城市间人事流动将会增加，同时带来异地社会保障制度方面的挑战。

9.1.6 环境保护区域性特征对垂直管理统一管理的挑战

一是即使是同一省份内，各地自然环境也条件迥异，生态、资源承载力以及环境容量等差别极大，无法使用统一的环境标准。

二是各地所面临的环境问题千差万别。一些地区的主要问题是污染防治和人居环境建设，一些地区则主要关注脆弱生态功能区的保护与修复，以及重要生态功能区的保全。面对巨大的环境差异，各地难以采用统一的环境政策。

三是各地解决环境问题的能力相差甚远。一些经济欠发达地区无论是在资金投入、技术力量，还是在环境管理能力上都与经济发达地区存在很大差距。多年的城乡二元化管理也导致农村环境管理几乎是空白，与城市相比有着天壤之别。巨大的经济社会差异也使得各地无法选择统一的环境治理措施。因此，各地环境和经济发展状况的巨大差异性将大大降低垂直管理的有效性。

9.2 环保垂直管理改革后可能产生的新问题分析

9.2.1 环保行政管理实行垂直管理后可能产生的新问题分析

（1）影响环境管理的整体性。对一个地区来说，环境管理在相当程度上具有整体性，无论是环境资源、社会经济各部门的综合管理，还是环保管理内部的宏观管理、排污许可、项目审批，甚至环境监测、环境监管执法，在一定程度上都是无法割裂的，但垂直管理制度的实施可能会割裂这种整体性。监测监察部门垂直管理，尤其是县环保局不再作为县政府的组成部门，而是作为市级环保局的派出机构，地方政府管理地方环境事务的职能完整性将受到破坏，地方政府的相关职权会变得残缺而不完整，其管理职能和权威必然受到削弱，大大降低了其管理的有效性。

（2）监察执法支持增加了部门间的沟通过程。独立后将难以有效获得环境监测部门的技术支持。环境管理的专业性要求在一些复杂的监察执法活动中需要获得环境监测部门的技术支持，以数据说话，以证据执法。此外，虽然垂直管理可以实现部门经济和行政执法的独立性，但是因为环境问题本质上是社会经济问题，环保部门的工作涉及面很广，必须依赖地方政府的协助，否则因工作难度太大和执法成本过高将导致实际上的权力虚置。

（3）重复执法、过度执法的问题。如果省级环保部门及垂直管理后的环境管理部门和市县环保部门都有环境执法授权，两者都有执法需求，也都可以进行环境执法，这在实际工作中就可能出现重复执法、过度执法问题。

（4）对实施省管县试点区域的影响。本次垂直化改革，一方面在监测监察方面强调了省级政府的统一协调管理，一方面也加强了市级环保机构的作用，以此冲抵县级党委政府对县级环保机构相关业务的干预。与此同时，我国已开展了多年的省管县改革,《中共中央关于推进农村改革发展若干重大问题的决定》明确要求"扩大县域发展自主权……推进省直接管理县(市)财政体制改革",并提出"有条件的地方可依法探索省直接管理县(市)的体制",在《中共中央关于全面深化改革若干重大问题的决定》中再次予以重申。目前,全国在绝大多数省份都开展了省直管县试点工作,海南省更是自建省之初就实行了省管县制度。因此,在垂直管理改革中需认识到垂直管理与当前"强县扩权"潮流的冲突。

(5) 易滋生腐败问题。垂直管理后,县环保局将作为市环保局的派出机构,地方监察等职能部门的监督作用在一定程度上将被削弱。而市环保局又因管理距离的原因,难以了解和考察地方的实际工作,缺乏监管力度,从而易产生系统腐败问题。

9.2.2　环境监察实行垂直管理后可能产生的新问题分析

(1) 独立执法的法律授权。独立后市县环境监察机构将无法接受地方环保局的委托而开展监察执法活动,其执法的法律主体依据将发生改变。由此产生的后果是,如果市县环境监察机构依然只有调查取证权,而没有处罚权的话,其监察中调查取证的违法事件处罚权将在派出其机构的主体——省级环保厅。也就是说,不解决环境监察机构独立的处罚权问题,所有省域的环境违法处罚事务将集中到省环保厅,显然,这不现实。因此,需要对其赋予新的法律授权。

(2) 独立执法提高环境执法的成本。独立后将难以有效获得上级环境监测部门的技术支持。环境监察的专业性要求在一些复杂的监察执法活动中获得上级环境监测部门的技术支持,以数据说话,以证据执法。此外,虽然垂直管理可以实现部门人事经费和行政执法的独立性,但是因为环境问题本质上是社会经济问题,环保部门的工作涉及面很广,必须依赖地方政府的协助,否则因工作难度太大和执法成本过高将导致实际上的权力虚置。

(3) 重复执法、过度执法的问题。如果省级垂直管理后的市县环境监察执法部门和县区自身新设立的环境执法部门都有环境执法授权,两者都有执法需求,也都可以进行环境执法,这在实际工作中就可能出现重复执法、过度执法问题。县区自身是否会新设立环境执法部门,取决于垂直管理后的市县环境监察执法部门能否满足其环境管理需求。

(4) 影响环境管理的整体性。对一个地区来说,环境管理在相当程度上具有整体性,环境保护的宏观管理、排污许可、项目审批,甚至环境监测、环境监管执法,在一定程度上是无法割裂的,但垂直管理制度的实施可能会割裂这种整体性。尤其是执法部门被垂直管理,将相当一部分执法权从市县环保局剥离,地方政府管理地方环境事务的职能完整性将受到破坏,地方政府的相关职权会变得残缺而不完整,其管理职能和权威必然受到削弱,大大降低了其管理的有效性。

(5) 易滋生腐败问题。省以下环境监察部门实行垂直管理后,一方面将失去地方职能部门的有效监督,而上级部门难以了解和考察地方的实际工作,缺乏监管力度;一方面又具有较强的部门权力,容易产生腐败行为。

9.3 环保垂直管理的前景展望

省以下环保机构垂直管理改革是基于当前强化地方环保责任的需要而提出的一项改革举措。但是,改革从来都不是一成不变的,随着问题的解决以及整体社会经济环境的变化,必将会有新的需求和新的体制改革要求。环保机构的垂直管理也会因形势变化而发生变化,系统的环保垂直管理必然将随之调整。对于环保垂直管理的未来,笔者认为可能会出现三方面变化。

(1) 环保行政管理可能重新回归属地管理。当地方政府有了更强的环境责任约束,更加主动承担环境保护责任,地方人大对政府的环境监督有了更大的话语权,同时在财政分配制度方面有了更合理的制度设计,则环保行政垂直管理本身的必要性将逐步减弱。而随着生态文明建设的推进,在"五位一体"要求下环保参与综合决策的需求增加,也会使得属地化管理的需求增大。笔者认为,一旦条件成熟,基于综合决策的需求以及更强的治理针对性要求,环保行政管理机构未来重新回归属地管理将不可避免。当然,也只有在条件相当充分的时候回归属地管理,才能避免前期属地管理体制下的种种弊端。

(2) 环境监察的半垂直化与执法机构属地化下的联动机制。跨区设置的监察机构通过半垂直化可以既相对超脱地实施监管,推动开展区域流域环境问题的协调,又可以避免对地方环保工作过度干预。属地管辖是行政执法的法定原则,环境执法机构在实施若干年垂直管理后,执法环境基本改善,将更多需要基于本地的环境特征和执法对象开展精细化执法监管，同时可通过区域流域的联动机制协调解决跨行政区环境违法事件。因此，笔者认为，未来在环境监察领域将会逐步走向半垂直化，环境执法机构将在属地化下加大联动机制。

(3) 由于环境监测本身的技术特征，其全面实行垂直管理的可能性增大。环境监测工作主要是为环境监管提供支撑，环境监测工作相对地表现为一项技术特征较强的工作，因此，环境监测可以相对独立地开展工作，不需要过多地依赖与地方其他各部门的协作。未来随着全国生态环境监测网络的逐步完善以及其他一些监测职能的剥离，环境质量监测从中央到地方，自上而下地实现全面垂直管理将成为可能，而配合环境执法的技术支持性质的执法监测职能可逐步向内设的检测中心转变。

参考文献

[1] Bretion A. Competitive Government: An Economic Theory of Politics and Public Finance[M]. Cambridge University Press,1998.

[2] Oates W. Fiscal Decentralization[M]. Harcourt Brace and Jovanovich, 1972.

[3] Oates W. A Essay on Fiscal Federalism[J]. Journal of Economic Literature,1999,11: 175-195.

[4] Tresch R. W. Public Finance and Business Publications[M]. Inc. 1981: 574-576.

[5] 沃尔德.作为工业厂商的地方政府:对中国过渡经济的组织分析[J]. 国外社会学,1996(5-6):17-25.

[6] 财政部财政科学研究所课题组.水环境保护事权划分框架研究[J].经济研究参考,2011,8:30-44.

[7] 陈传忠,王秀琴,赵岑. 优化县级环境监测站发展思路和建设模式的思考[J].中国环境监测,2014,30(5):145-148.

[8] 崔晶,孙伟. 区域大气污染协同治理视角下的府际事权划分问题研究[J].中国行政管理,2014,9:11-15.

[9] 郭峰,张丹.环保系统监测机构如何应对环境监测服务社会化的挑战[J].资源节约与环保,2015,9:130,141.

[10] 贺震.垂管后地方政府的环保责任只能强化不能弱化[N].中国环境报,

2016-03-04 B3.

[11] 贺震.构建适应环保垂直管理的运行保障新机制[N].珠江环境报,2016-02-20 B3.

[12] 贺震.构建综合执法与专业执法相结合的执法机制[J].环境经济,2015,36.

[13] 贺震.监察垂直管理需解决好三大问题[N].中国环境报,2015-11-27 B3.

[14] 贺震.实行环保监察执法垂管须重新确立监察职能定位[N].珠江环境报,2016-02-17 B3.

[15] 贺震.实施垂直管理应分三步走[N].中国环境报,2016-01-15 B3.

[16] 宏观经济研究院课题组.公共服务供给中各级政府事权、财权划分问题研究[J].宏观经济研究,2005(5):3-7,10.

[17] 胡能灿.市县级国土资源管理体制的调查与思考[J].国土资源,2007,4:23-25.

[18] 鞠昌华.环境保护垂直管理的探讨[J].环境保护,2013,41(8):56-57.

[19] 鞠昌华.县级环保机构垂直管理应解决五个问题[N].中国环境报,2015-12-25 B2.

[20] 李维.日本城市环境监测技术系统运营管理研究与借鉴[J].中国环境监测,2008,24(3):43-46.

[21] 李萱,沈晓悦.地方环保体制的结构性问题及对策[J].行政管理改革,2011,11:50-53.

[22] 李萱,沈晓悦.我国地方环保垂直管理体制改革的经验与启示[J].环境保护,2011,39(21):36-39.

[23] 李吉玉.质量技术监督行政执法的现状、问题及其对策[D].苏州:苏州大学,2014.

[24] 李杏果.我国环境执法垂直管理的模式分析[J].工业安全与环保,2011,37(3):19-20,40.

[25] 刘洋,万玉秋,缪旭波等.关于我国跨部门环境管理协调机制的构建研究[J].环境科学与技术,2010,33(10):200-204.

[26] 楼继伟.中国政府间财政关系再思考[M].北京:中国财政经济出版社,2013.

[27] 逯元堂,吴舜泽,陈鹏等. 环境保护事权与支出责任划分研究[J]. 中国人口·资源与环境,2014,24(11Z):91-96.

[28] 罗毅,高锋亮. 加快推进环境监测网络建设与改革 为生态环保工作提供更加有力的支撑[J]. 环境保护,2015,43(20):16-19.

[29] 罗毅. 推进企业自行监测加强监测信息公开[J]. 环境保护,2013,41(17):13-15.

[30] 罗岳平,鞠昌华,骆芳. 垂管之下,市县环保局该如何转变?[N]. 中国环境报,2016-04-29 B3.

[31] 罗岳平,潘海婷,李启武. 基于事权划分的环境监测财政保障机制研究[J]. 环境保护,2015,43(20):40-42.

[32] 吕晓,钟太洋,张晓玲等. 土地督察对土地违法的遏制效应评价[J]. 中国人口·资源与环境,2012,22(8):121-127.

[33] 盛世海,孙立彬. 垂直管理应着重解决好四个问题[N]. 中国环境报,2016-05-06,B3.

[34] 苏明,刘军民. 科学合理划分政府间环境事权与财权[J]. 环境经济,2010,7:16-25.

[35] 孙弘. 国家土地督察职权研究[J]. 中国土地,2011,9:46-48.

[36] 唐振亚. 江苏环境监察二十年[J]. 环境经济,2013,1-2:18-32.

[37] 王猛. 府际关系、纵向分权与环境管理向度[J]. 改革,2015,8:103-112.

[38] 王海芹,程会强,高世楫. 统筹建立生态环境监测网络体系的思考与建议[J]. 环境保护,2015,43(20):24-29.

[39] 王金南,秦昌波,苏洁琼等. 国家生态环境监管执法体制改革方案研究[J]. 环境与可持续发展,2015,5:7-10.

[40] 王金南,於方,齐霁等. 环境损害鉴定评估:环境监察执法的一把"钢尺"[J]. 环境保护,2015,43(14):12-15.

[41] 肖晋. 国家土地督察制度的初创与探索[J]. 中国浦东干部学院学报,2010,4(3):121-126.

[42] 徐寅杰. 我国政府环境保护部门垂直管理的探索[D]. 北京:北京林业大学,2011.

[43] 叶丽芳,黄贤金,马奔等. 基于问卷调查的土地督察机构改革设想[J]. 中国

人口·资源与环境，2014，24(3)：77-82.

[44] 张雪. 论地方政府环境规制失灵：内在机理与破解途径[J]. 成都行政学院学报：2012，5：8-14.

[45] 张五常. 中国的经济制度[M]. 北京：中信出版社，2009.

[46] 张奕聪. 河源市质量技术监督部门行政执法难问题研究[D]. 广州：华南理工大学，2014.

[47] 郑习健. 不同部门监测机构施行环境监测存在的主要问题及其协调和规范[J]. 生态环境学报，2009，18(1)：399-402.

[48] 中国环境年鉴 2014.

[49] 周适. 环境监管的他国镜鉴与对策选择[J]. 改革，2015，4：58-68.

[50] 朱光磊，张志红. "职责同构"批判[J]. 北京大学学报(哲学社会科学版)，2005，1：32-48.